Design Wisdom in
Small Space
小空间设计系列 III

SWEET
SHOP 甜品店

陈兰 编

辽宁科学技术出版社
·沈阳·

小面积茶饮店设计要点归纳与参考

1

对于一个茶饮店来说，生意是否火爆，顾客是否乐于光顾，茶饮本身的口感以及品牌的调性不容忽视。当然茶饮店本身的设计，无论是店面设计，还是室内空间设计，都占有举足轻重的地位。

本章从以下几个方面进行解读：
· 店面设计
· 空间功能布局
· 尺度设计
· 氛围营造

一、店面设计

近年来，随着茶饮店不断发展，各种品牌层出不穷。在产品口味和品牌形象不断内卷的大背景下，茶饮店店面设计成了吸引客流量的主观且直接的元素。通常情况下，店面设计与消费群体和产品风格的定位关系密切，兼具品位和趣味性的店面既可以勾起顾客的消费欲望，同时也能提升品牌知名度。在具体策划时，可以根据消费群体或当地风俗等，选择相应的属性和风格，或者高端华丽，或者休闲自然，或者清新可爱。（图1、图2）

凸显品牌背景与文化内涵

在设计茶饮店店面之前，可以充分了解自身的企业文化、产品特色、风格

图1

图2

以及背后的故事等。随后，结合品牌信息巧妙利用颜色、造型和设计来吸引顾客。当然，要确保每一个元素都能清晰地向顾客传递品牌文化和商品信息，从而达到吸引顾客走进店内的目的。

设计风格

茶饮店店面设计在风格上尽量避免极简与过于繁复，否则会显得平淡无味或冗余杂糅。在突出商品卖点的前提下，设计风格可以别出心裁、独树一帜。

色彩方案

茶饮店店面设计在色彩搭配上可以选择明亮的色调，以此来吸引顾客的眼球。目前一些成功的品牌大多数选择明亮、极简、舒适的颜色，如CoCo（都可）等品牌，多以橙色、黄色、红色、绿色、白色等单一颜色为背景，造成强大的视觉冲击力。如果茶饮店选址在繁华的商业街上，则不建议使用暗色或者灰色系的颜色，以免降低其在夜晚的辨识度。如果店主要求选用暗色系，则建议选择鲜艳颜色的照明灯。

字体

在字体设计上建议选择圆润饱满的字形，尽量避免棱角分明的字形，以迎合顾客群体（茶饮店顾客群多以学生和年轻群体为主）的审美。另外，不建议使用小众的字体，如果顾客看不懂是什么意思，即使设计得多么与众不同，也没有什么意义。

招牌

招牌可以被看作产品宣传板，一定要与店面风格保持一致。招牌上可以选择普通的 LED 灯照明，并根据风格选择灯光色彩。通常情况下，吸塑灯箱比拉布灯箱看起来更高级。另外，招牌设计还要考虑店内设计风格，与其协调一致。

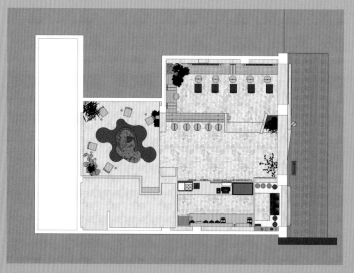

图3

图4

二、空间功能布局

茶饮店几乎遍布了城市的大街小巷，店内的空间大小、户型的格局也各不相同，空间规划应确保主要功能区发挥最大作用。最主要的就是操作区、吧台、用餐区三大区域，而其他区域如展示区、仓库、员工休息室等，应视空间规格而定，从而保证区域之间完美衔接、规划整齐。（图3、图4）

操作区

作为顾客，大家当然都希望能够欣赏到茶饮制作的全过程，恰好这能增强空间的体验感。操作区的设计重点在于店员日常完成茶饮制作的动线规划——保持就近原则，以便于店员快速完成产品制作。毋庸置疑，一个好的操作区设计是能够提高店员的工作效率的。

一般情况下，茶饮店面积相对较小，操作区要确保水槽、制冰机、冰箱、操作台可以同时放置。需要指出的一点是，可以在墙面上制造铁质隔板、架等，用来放置所需的材料，同时也可起到装饰作用。

吧台

吧台可以说是整个茶饮店的门面担当，因为顾客入店目之所及便是。一个设计优美、功能齐全的吧台不仅可以提升整个店面空间的格调和气质，还能满足客人舒适的使用体验。吧台大小视空间面积而定，可以设计成一字形、U形等形式。

用餐区

现代生活节奏快，美味的茶饮和舒适的环境俨然成为职场人打卡的标配。茶饮店在规划用餐区时既要考虑顾客对私密性的要求，也要合理利用空间面积，可以选择在靠窗或靠墙的地方设置座位。当然，如果店铺面积较大，可以在用餐区中间设置中岛台，最好正对大门，既方便店内人流流动，也能提升整个店铺的品质感。

三、尺度设计

茶饮店空间面积有限，但所需原料和设备非常繁多，因此要将所有要素综合起来并进行合理而有序的排布，打造实用性与美感兼具的设计方案。

点餐收银区

点餐收银柜台通常分为里层和外层，且两边高度不尽相同。通常情况下，茶饮店会在点餐收银机旁边放置点餐价目屏幕，以供顾客点餐和店员收银。为方便顾客和店员查看屏幕，外层柜台的高度最好控制在1~1.1米。另外，柜台上方要放置茶杯、吸管等物品，方便拿取。

里层柜台一方面要便于店员收银，另一方面还需放置包装、原材料和其他杂物。柜台的里层和外层之间的高差至少控制在0.25米，里层柜台才可以正常放置物品。里层柜台的高度一般在0.75~0.8米，台面的宽度约0.9米。另外饮品的取餐区域一般也会设置在点餐区旁，并与点餐区共用同一个柜台台面，其高度和宽度与外层柜台保持一致即可。

操作区

操作区主要就是将茶饮原料快速加工成品的区域，如现榨果汁、冲制奶茶粉、添加配料等操作需在这里完成。顾客可以直接看到整个制作流程，所以操作区往往设置在点餐收银柜台的正后方。

用餐区

茶饮店用餐区主要有吧台、卡座和双人座等形式。其中吧台就餐形式，吧台高矮可根据具体情况选择使用，如果选用矮吧台，那么其高度控制在0.9~1米，搭配的高脚凳高度一般在0.6米。

四、氛围营造

在这个年代，商品不断地被赋予价值和文化，深入了解品牌的内涵以及相关的文化故事对于空间氛围营造格外重要。在设计时，将品牌文化和风格统一，借以将品牌内涵呈现出来，让设计承载更多的可能性。（图5、图6）

突出风格与品牌主题

如何设计才能让茶饮店引人注目，吸引更多的顾客到来？关键之处即为凸显风格和品牌的主题。如果品牌以低调轻奢为理念，在色彩方案上应选择墨绿色、高级灰等中性且沉稳的色彩作为主色，再增加橘色等亮色作为点缀，从而提升整体舒适度。

合理性与实用性

茶饮店设计不仅仅要美观，更要考虑实用性。尤其对于面积有限的小店而言，合理利用空间是首要任务，在确保正常运营的情况下，再去利用空间

图5

展开更多的服务。同时需要注意的一点是，茶饮店往往会有大量的水渍，不能一味地追求美观，去选择表面平滑起光的地板材料，应考虑到安全性和实用性，这是重要的一环。

图6

"高贵亮丽的黄色赋予麦吉茶饮店全新的形象，即便是在时尚的购物中心内，也是独树一帜的。"

$22m^2$

麦吉

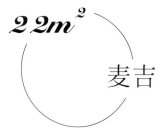

项目地点：

澳大利亚墨尔本购物中心

设计时间：

2022 年

设计机构：

Vie 工作室

摄影版权：

安德鲁 · 沃萨姆（Andrew Worssam）

项目背景与设计理念

设计的目标是采用独特的方式打造独特的形象，使其成为墨尔本专属的麦吉茶饮店。亮丽的黄色引领着顾客走进隧道般的内部，曲线剪影相互缠绕，犹如温暖的太阳一般拥抱每一位走进来的顾客，带来与众不同的体验。

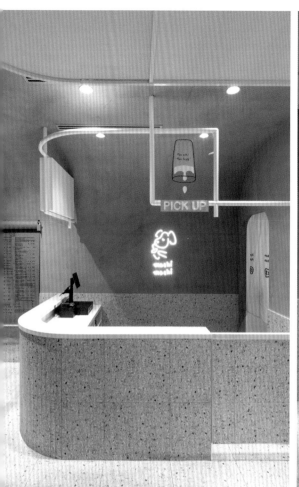

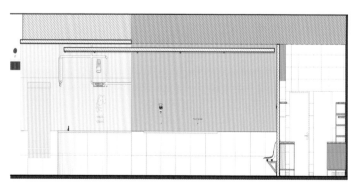

柜台立面图

突出的拱门结构创造了一个立体的店面，同时将店内场景最大限度地呈现出来。拱形灯管与灰色混凝土形成鲜明的对比，并在空中构成呼应，营造出活泼俏皮的氛围。品牌标志性的小狗与收集雨滴的小瓶子组合在一起，格外引人注目。体积庞大且造型独特的水磨石柜台似乎从墙壁和地面处"生长"出来一般，简约而精致。

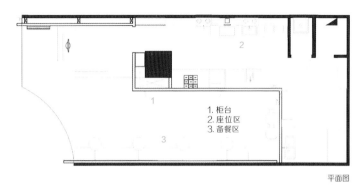

1. 柜台
2. 座位区
3. 备餐区

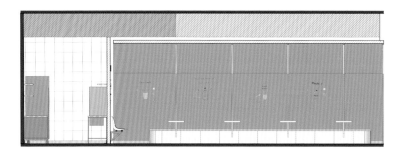

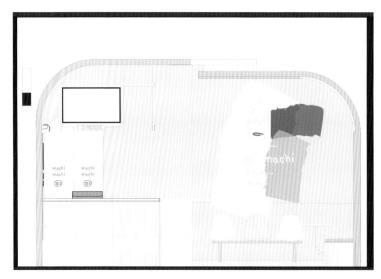

座位区立面图

品牌故事

麦吉（machi machi）时刻坚持秉承创新品类的产品和丰富口感的融合的理念，强调原创精神，提供创新、美味、高颜值的质感系茶品。结合饮品与甜品，打造独特的产品和消费体验，重视细节和时尚潮流的设计感。2018 年 9 月 23 日全球第一家麦吉茶饮店在台北开业。

设计实施

设计师秉承品牌一贯的风格与理念，并充分结合店铺地域特色以及业主的独特要求，打造当代的都市风格，精致简约，又独一无二。

> "现今，奶茶越来越受到人们的青睐，在饮品界引起了不小的轰动。在如今竞争激烈的市场环境中，一个品牌想要立足，就必须在价格、产品和空间设计上有足够优势。"

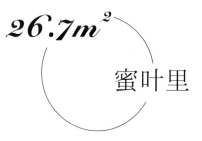

蜜叶里

项目地点：
中国深圳

设计时间：
2019 年

设计机构：
Biasol 设计事务所

摄影版权：
詹姆斯·摩根

项目背景与设计理念

蜜叶里是一个全新的奶茶品牌，位于深圳的新兴区，客户找到了 Biasol 设计事务所，希望将其打造成一个时尚、现代且令人印象深刻的空间。蜜叶里主打无糖奶茶，使用质量极佳的散装茶叶和好的天然蜂蜜制作饮品，旨在让顾客能够品尝到正宗的茶味。

蜜叶里推崇健康、均衡和充满幸福感的饮食和生活方式。设计师将这一理念转化为建筑语言，通过材料和色调打造出一个如奶茶一般甜美清爽的空间。

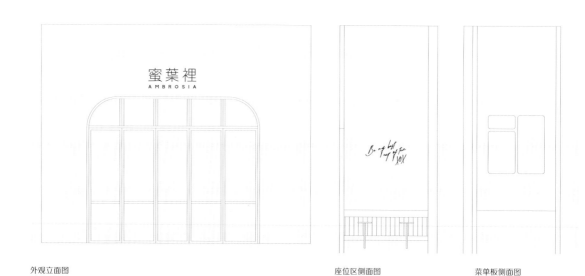

外观立面图

座位区侧面图

菜单板侧面图

镶有不透明玻璃面板的木制拱门是对传统中式建筑入口的呼应和致敬，巧妙地界定出入口和点餐台。店内空间呈狭长形状，让人不禁想起历史悠久的四合院，散发着舒适亲密的氛围。店内一端的墙面上贴有菜单，而另一端则设有软垫长椅，圆角处理在视觉上柔化了空间的狭长感。点餐台位于空间中央，所有的茶饮制作都在后方私密的操作间中完成。

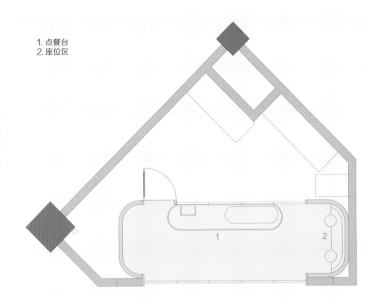

1. 点餐台
2. 座位区

平面图

朴实的白色和木纹理创造出轻盈柔美的室内基调。由知名石材品牌提供的
Pavlova水磨石被用作地板、柜台、桌子和墙面材料，与粉红色调融合在一起，
打造出平和宁静的感官氛围。点餐台上方的吊灯如同奶茶里的珍珠，带有"是
我最好的一杯茶"字样的白色霓虹灯贴在墙面上，表达了品牌想要传达的生活
方式。蜜叶里不仅代表一种全新的奶茶调制方式，更提供了生活中必不可少的
的佳品。

在这个独特且让人印象深刻的空间中随处可见手工艺技术和与众不同的美学元素,从而吸引了一大批追随潮流的奶茶爱好者。这里以极简主义风格为主,传统的中式庭院和建筑入口大门创造出一种流动感。与此同时,柔和的粉红色调创造出平和静谧的感官体验。

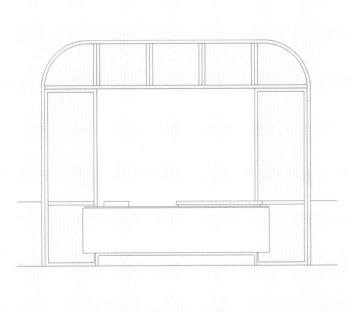

点餐台立面图

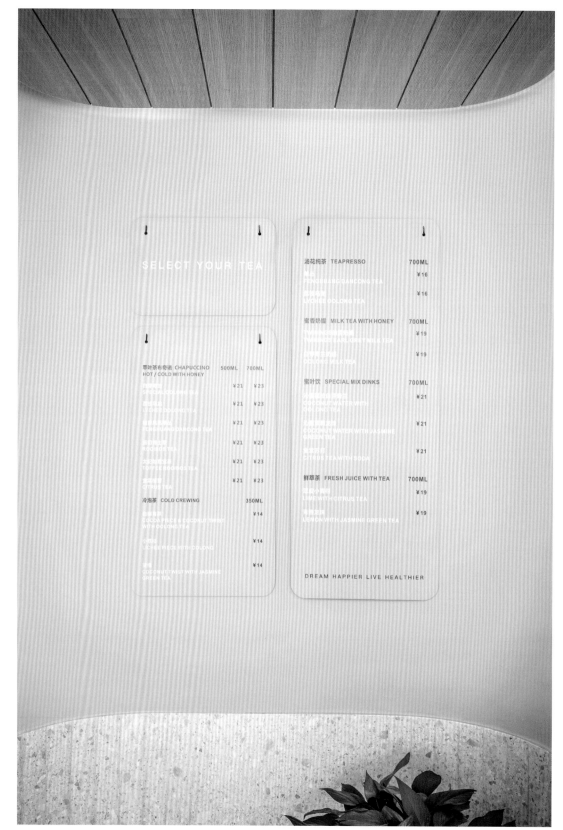

SELECT YOUR TEA

茶叶茶布奇诺 CHAPUCCINO
HOT / COLD WITH HONEY

	500ML	700ML
岩茶乌龙 SPECIAL OOLONG TEA	¥21	¥23
荔枝乌龙茶 LICHEE OOLONG TEA	¥21	¥23
凤凰单丛茶香 FENGHUANG DANCONG TEA	¥21	¥23
南非博士茶 ROOIBOS TEA	¥21	¥23
柚子博士茶 YUP EE ROOIBOS TEA	¥21	¥23
柠檬柑橘茶 CITRUS TEA	¥21	¥23

冷泡茶 COLD CREWING   350ML

可可碎椰奶 COCOA PIECE & COCONUT TWIST WITH OOLONG TEA	¥14
荔枝乌龙 LICHEE PIECE WITH OOLONG	¥14
椰香 COCONUT TWIST WITH JASMINE GREEN TEA	¥14

汤花纯茶 TEAPRESSO   700ML

凤凰单丛 FENGHUANG DANCONG TEA	¥16
荔枝乌龙 LICHEE OOLONG TEA	¥16

蜜香奶缇 MILK TEA WITH HONEY   700ML

凤凰单丛奶缇 FENGHUANG DANCONG MILK TEA	¥19
岩茶乌龙奶缇 OOLONG MILK TEA	¥19

蜜叶饮 SPECIAL MIX DINKS   700ML

椰子水乌龙茶 COCONUT WATER WITH OOLONG TEA	¥21
椰子水茉莉花 COCONUT WATER WITH JASMINE GREEN TEA	¥21
柠檬苏打 CITRUS TEA WITH SODA	¥21

鲜萃茶 FRESH JUICE WITH TEA   700ML

青柠小柑橘 LIME WITH CITRUS TEA	¥19
柠檬茉莉 LEMON WITH JASMINE GREEN TEA	¥19

DREAM HAPPIER LIVE HEALTHIER

项目小结 ▶

品牌故事

奶茶近年来找到了忠实粉丝的市场。传统上果茶是用茶，水果、牛奶或果汁和小珍珠的珍珠粉制成的，但并不是每个果茶成分都是相同的。价格和体验不同让品牌在竞争激烈的环境中开辟了自己的市场。蜜叶里是中国深圳一个新兴的茶叶品牌，想要在不使用糖的情况下分享正宗的茶味，使用新鲜好茶和最好的天然蜂蜜。

设计实施

打造时尚、现代、专业的品牌形象，能够完美呈现品牌精髓的空间，并将品牌推崇的"健康、均衡和幸福"的价值观转换为设计元素。材料、色彩和形式遵从极简风格，如干净的水磨石、奶茶般恬淡清爽的色调、中式传统四合院造型等。

30m²

初乡の茶

项目地点：
中国宁波
设计时间：
2019 年
设计机构：
无锡欧阳跳建筑设计有限公司
摄影版权：
徐义稳

项目背景与设计理念

在本案的空间设计中，典型的东方传统文化在当代极简的美学语境中催生了新的灵感，设计师颠覆了常规，将饮品休息区打造成一片茶田。门头的设计红白相称，主题明确。以隔而不断的玻璃材质取代传统门面，在视觉上更加通透，层次感十足，既创造了隐私感，又扩展了空间，让人一眼便可看到店内风格，直观感受初乡の茶（CHOICE TEA）的内部品质及氛围。

走进店内，清新的气息扑面而来。点餐区光滑的水磨石台面保留了材料原始的自然感，奠定了雅静的空间基调，弱化了背景的渲染。红色台架以一种无边的形态，为以方形为主的物理空间注入随机的不确定性。金属元素的巧妙介入和运用令空间更加灵动有趣，鲜艳的色彩活泼醒目，创造视觉焦点。操作间的设计干净利落、有条不紊，墙砖的灰结合乳胶漆的白，给人以"极简、冷淡"的直观感受，摒弃装饰主义，实用性极强。

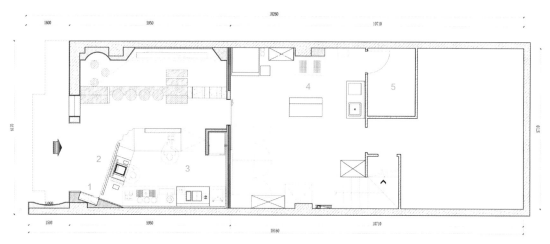

平面图   1. 产品陈列区   4. 备餐区
               2. 点餐区   5. 卫生间
               3. 制作区

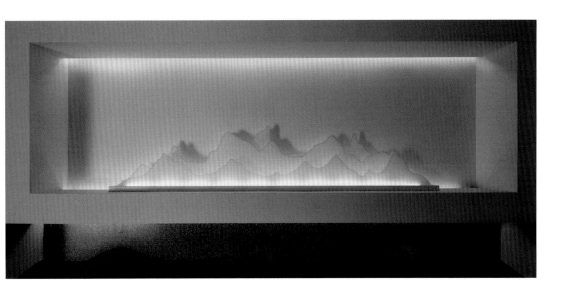

店内休息区的布局别具一格，这里没有规规矩矩的桌椅板凳，设计师通过装置艺术表现手法对茶田进行抽象表达，以几何美学的思维，对空间的轮廓进行勾勒。层层阶梯与连绵茶山交相辉映，一轮红日当空，普照飒飒茶田，在向人们揭示"坐饮香茶爱此山"的意境的同时，与品牌的内涵形成玩味互动。

墙面主体部分由寻常可见的乳胶漆覆盖，在高度统一的处理方式中，材质本身的传统与粗粝属性转化叠加，提升空间的质感与纯净度。采用灰色水泥砖铺的地面，与现代简约的空间基调相辅相成，既凸显了茶的悠久历史与醇厚沉稳，又让消费者在不知不觉间完成了一次城市中的"心灵净化之旅"。

品牌故事

初乡的茶遵从亲民、天然、绿色的理念，坚持手工做茶，不断钻研新的奶茶工艺。在全力提升口感的同时，品牌致力于提供舒适、时尚、温馨的休憩场所，爽口的茶饮与惬意的氛围成就了顾客的愉悦心情。

设计实施

该项目以时尚简约风格为主，运用了乳胶漆、肌理漆、防火板、不锈钢等材料，工程造价约为 3000 元 / 米^2。

"这家店以打造独特的体验为理念，通过木工装饰和产品陈列等细节实现这一设计目标！"

80m²

INSTEA

项目地点：

澳大利亚墨尔本斯旺斯顿街

设计时间：

2020 年

设计机构：

Fretard 设计公司

摄影版权：

詹姆斯 · 帕克

项目背景与设计理念

INSTEA 奶茶店面朝墨尔本中央商务区内繁华的大街，店面低调但不乏优雅，散发出独特的魅力。这也是 INSTEA 品牌在澳大利亚的第一家店，其空间设计旨在传达出自身个性和女性气质。

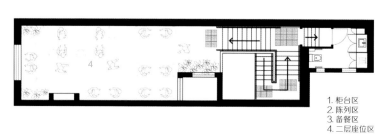

1. 柜台区
2. 陈列区
3. 备餐区
4. 二层座位区

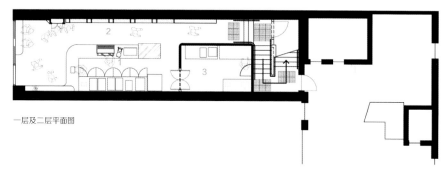

一层及二层平面图

柜台在入口处可见，整体以直线造型为主，沿空间纵向和横向延展，并在接合处打造弧度，似乎在欢迎着顾客的到来。这一巧妙的设计与店内其他拱形主题元素相互呼应，如拱形陈列架、拱门等。柜台对面墙壁上安装了木质陈列架，展示着店内的瓶装饮品，格外引人注目。陈列架是专门定制的，隐藏的线性照明营造出迷人的彩色线条，提升了产品的识别度。

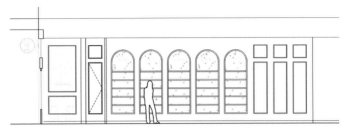

一层室内立面图

二层空间在设计上延续一层的主题，充分利用绿色调，营造柔和舒适的氛围。卡座式座椅沿墙壁一侧排布，墙壁上部的镜子以一层的拱形陈列架为设计灵感，在打造统一性的同时，也增添了空间层次感。空间风格简约但不失精致，完美地诠释了品牌秉承的优雅特性，打造了令人难忘的顾客体验。

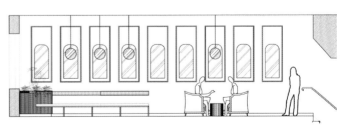

二层室内立面图

项目小结 ▶

品牌故事

　INSTEA 品牌的创意来源于大众茶文化。拥有资深原创设计师和众多独立设计师，创造设计师品牌日常茶饮，致力于实现茶的日常生活美学。

设计实施

设计团队通过对材质柔软而精致的饰面分层和经过深思熟虑的产品展示的巧妙运用，呈现品牌的个性和审美，彰显空间独特的魅力。

"一杯茶，饮的是一种风雅。华灯初上，摒弃尘世的喧嚣与嘈杂，掬一杯清香茶饮，在文人山水画里思考时间的过去与未来，在虫痕鸟迹兽足中阅读生命的繁华若梦，在纵谷春秋聆听长卷跋尾，余音袅袅，重新思考东方美学的特殊意义。"

$115m^2$

CoCo 白塔西路店

项目地点：
中国苏州市姑苏区白塔西路

设计时间：
2020 年

设计机构：
无锡欧阳跳建筑设计有限公司

摄影版权：
徐义稳

项目背景与设计理念

CoCo（都可）白塔西路店以"梦游园"主题为切入点，旨在实现意象与空间的完美融合，进行品牌差异化定位，打造一个独一无二的茶饮品牌形象。它秉持着自然低调的极简主义理念，营造出一个质感层次丰富的禅意空间，为顾客带来多维度的沉浸式感官体验。

设计师以起承转合的序列式观景节奏注解建筑的艺术语境。外立面大面积玻璃的介入使室内外空间得到很好的划分。同时，穿插砌入砖石与金属元素，既不乏传统的美感，又满载时尚的气息。

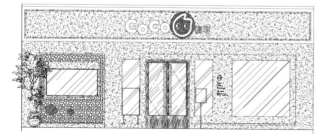

外立面图

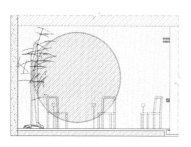

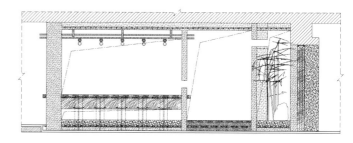

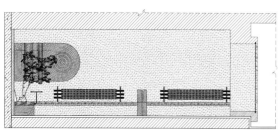

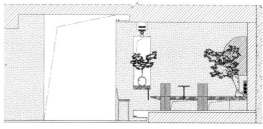

剖面图

室内以"园林"为概念，融合了竹、石、木等传统元素以及微水泥、文化砖、不锈钢等现代材料，以纯粹的笔触勾勒无形的丰盈，赋予其惬意悠然的情感表达以及更深远的内涵，倾力演绎贯通古今的和谐之美。

结构艺术化是本案设计规划的重点之一。室内设计遵从并延续其建筑形制，化繁为简，采用精练的手法构筑大块轮廓。制造一些带有戏剧感的细节，让各功能分区合理有序地以递进式铺展开来，充分发挥建筑与空间的对话作用。同时，将开放互动性贯穿其中以突出店面功能层次感，进一步强化整体感以及开阔度，从而实现空间布局的和谐统一。

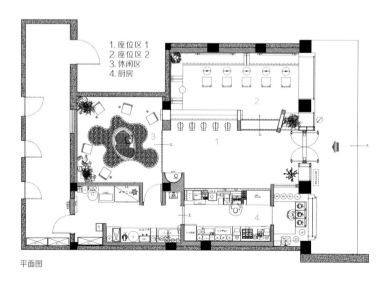

1. 座位区 1
2. 座位区 2
3. 休闲区
4. 厨房

平面图

从茶饮空间的实际使用意图而言，其舒适性、体验感在项目中的深远意义不言而喻。除了以充满序列感和体块感的隔断作为座位的分割外，设计同样采用了装饰的转换、桌椅的造型变化等方式，在每一个区域中注入了然的差异，巧妙地实现对空间的体验性与实用性的塑造。

品牌故事

新式茶饮正成为资本追捧的新型概念，而市场永远乐于拥抱年轻人。本案从空间设计和品牌升级的维度着手，打造一方令人感到疗愈、愉快，乐于亲近又不落入俗套的自由栖息地和心灵交流属地，将品牌引向创意与可持续的进化之道。

设计实施

钱钟书曾说过："洗一个澡，看一朵花，吃一顿饭。假使你觉得快活，并非因为澡洗得干净，花开得好，或者菜合你的口味，主要因为你心无挂碍。"言下之意，当下的快乐与美，始于心灵，归于境界。本案通过对东方情致的雕琢与打磨，在实现功用之外创造飘逸灵动的艺术美感，空间的商业价值和时代特质亦在微妙中获得某种平衡，令人在沉浸体味茶韵余香的同时，细细咀嚼生活的味道。

2

小面积冰激凌店设计要点归纳与参考

在通常情况下，冰激凌店的选址没有局限性，学校、社区、商场、步行街都可见其身影。冰激凌店面积一般相对较小，小则几平方米，不提供堂食空间，而大一些多为 50~60 平方米，室内提供桌椅。冰激凌店除了有特色美味的产品之外，店铺的装修也是吸引顾客的重要因素。（图 1）

一、店招设计

冰激凌店最吸引人的莫过于门头上的大招牌了。店招是对店面最直观的讲解，其设计要以显眼为目标。招牌可以在第一时间吸引消费者的眼球并且激起他们的消费愿望。如果冰激凌店开在热闹的街道旁，可以采用霓虹灯装饰，营造出美丽浪漫的氛围，以此来吸引年轻消费群体。（图 2、图 3）

图 1

图 2

图 3

需要注意的一点是，冰激凌店招牌不可以太高，要与店面搭配。如果图片不大且做了一个比较小的招牌还悬挂较高，就会失去了本身的作用。

二、空间设计
冰激凌店空间设计可以参照现代年轻群体喜欢的元素，当然也要考虑季节性问题。

三、色彩搭配
冰激凌店通常是一个充满甜蜜与趣味的空间。首先，颜色运用要亮，这样更易吸引顾客眼球。其次，冰激凌店的顾客群体多为年轻人、学生，或者是心态活泼的中老年人群，暗沉的色彩往往不太适合。最后，使用亮色时，一定要注意搭配，以打造出活力而不刺眼的感觉为最佳。（图4）

四、灯光设计
冰激凌店的灯光设计非常重要。设计新颖的灯光不仅能够吸引广大消费者，还可以决定消费者对冰激凌店商品的档次认知。冰激凌店灯光一定要简洁、新颖，颜色足够醒目，足够清晰。不同的灯光效果可以带给顾客不同的感受——要选用不同色泽的灯光和不同照明强度的灯光进行搭配使用，进而营造一个舒适的环境。（图5）

图4

另外，冰激凌店的新产品要用特殊处理的灯光照射，这样可以提升档次。需要注意的一点是，灯光不能太杂乱无章，这样会影响消费者的情绪。灯光照射强度要适中，太强的灯光会让消费者感到眼睛不适。

五、软装陈设

软装陈设可以选择可爱的装饰元素，营造浪漫天真的空间氛围。点餐区可以设计一个小荧屏，用于放置新品图片和菜单，不定期进行更新，既能促进食欲，也带来新鲜感。墙面上可以绘制时尚有趣的图案，例如手绘、漫画等，增加休闲时尚气息。除此之外，还可以在店内悬挂一些宣传视频、活动和音乐资讯等，用于吸引顾客。

如果店内空间允许，可规划出一块地方放置桌椅，供顾客坐下休息、品尝冰激凌。桌椅可以选用糖果色的泡沫、布料等材质，也可以选用透明的玻璃材质，以冰激凌店整体装修风格为宜。（图6、图7）

图5

图6

图7

"这里是与家人散步闲逛的理想去处，也是奖励孩子完成辛苦训练之后放松的最佳场所。"

1.9m²
华夫饼与冰激凌店

项目地点：

波兰华沙 Książkowa 大街

设计时间：

2021 年

设计机构：

Pigalopus 设计公司

摄影版权：

Migdał 工作室

项目背景与设计理念

这是一个小型的家庭经营式冰激凌店项目，整个工程包括室内设计、视觉形象设计和店面平面设计。这家冰激凌店选址于一个安静的居住区内，旁边有一条临近社区开放体育馆的步行路。店内还为宠物提供专门的食物，方便携带宠物的顾客。

PORCJA 70g - 5 zł

DEKOROWANY
WAFELEK - 3 zł

LEMONIADA - 10 zł

WODA - gratis :)

LODY DLA
PIESKÓW - 5 zł

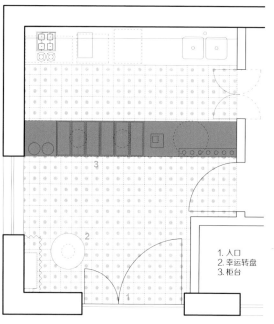

1. 入口
2. 幸运转盘
3. 柜台

平面图

店内以网格图案、圆圈以及黑色点为主要装饰元素，而这些都是从店内的商品（华夫饼和冰激凌）中提取出来的。其中，瓷砖地面上的黑色点与墙壁上的华夫格形成鲜明的对比，打造出格外引人注目的背景。空间中央放置着一体的陶土柜台，台面采用粉色装饰，与墙壁颜色相匹配。不同尺寸的球形灯是专门定制的，提供了多样化照明，也营造出独特的视觉效果。柜台后的墙壁上陈列着华夫筒以及按季节更换的菜单，供顾客选择。

柜台后侧墙壁上装饰着的笑脸霓虹灯是对店铺视觉形象的延续与深化，这一标志性的图案还被运用到橱窗上，在不同颜色和灯光的映射下，呈现出不同的效果，格外引人注目。

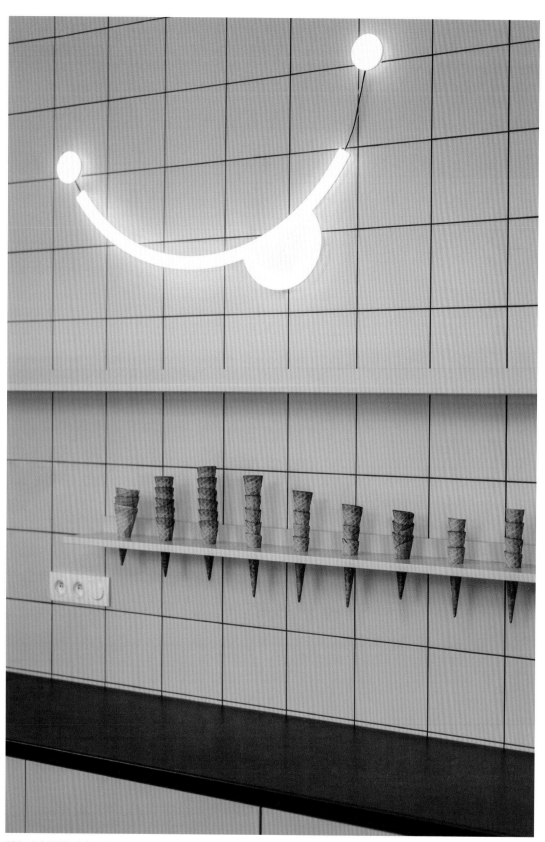

项目小结 ▶

品牌故事

店主是一对姐妹，她们的家族已经在这个行业内工作了数十年，拥有丰富的专业知识、出类拔萃的技术，以生产高品质产品而著称。她们想要打造一个用冰激凌和华夫饼本身就能够吸引顾客的与众不同的店。

设计实施

设计师秉承"室内设计应该是欢乐友好的"原则，将店铺的视觉形象元素充分运用到空间内，如笑脸霓虹灯、橱窗上的笑脸图形以及入口处的"幸运转盘"（为犹豫不决和不知道如何点餐的顾客提供选择的机会），打造出愉悦的氛围。

"这是一家位于斯德哥尔摩的软冰激凌店，以其独特的形象欢迎着每一位顾客的到来！"

MJUK MJUK 冰激凌店

项目地点：

瑞典斯德哥尔摩哈加大街 37 号 2 号楼 3 楼

设计时间：

2019 年

设计机构：

彼得·林德伯格工作室

摄影版权：

斯泰兰·赫娜

项目背景与设计理念

2019 年夏天，来自美国的冰激凌大师杰里米·迪保罗在斯德哥尔摩市中心北部开设了 MJUK MJUK 冰激凌店，并致力于以其全新且与众不同的形象成为冰激凌爱好者的标志性目的地。另外，业主要求运用有限的预算实现超出预期的效果。于是，简约而不简单的设计应运而生了。

色彩

品牌的标志性色彩成了空间设计的基础元素——生动的工业黄贯穿在传统低调的北欧风格中，吸引顾客的到来。亮丽的黄色遮阳篷与风化石外立面形成鲜明的对比，从距离店面较远的地方看起来似乎有些格格不入。走近之后，会看到格外惹眼的黄色塑料帘子（工厂内常见原材料），用于分隔备餐区与服务区。店内头顶上亮黄色的LED屏循环播放品牌动画形象。这是对传统的致敬，也为拍照提供了完美背景。

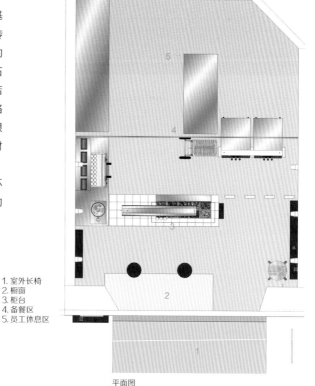

1. 室外长椅
2. 橱窗
3. 柜台
4. 备餐区
5. 员工休息区

平面图

通透

尽管店内空间有限，但所有产品都是现场制作的，这也是品牌推崇的理念。透过透明的橱窗和黄色的帘子可以看到冰激凌的制作过程。白色瓷砖是商业餐饮空间和家庭厨房的常用材料，被赋予了深层含义，象征从零开始的品牌精神。白板主要用来撰写食谱以及记录灵感，如同呈现冰激凌大师精湛手艺的窗口。改变玻璃门和宽大的拱形窗户可以将店铺本身变成一个售货亭，对顾客体验的影响微乎其微。

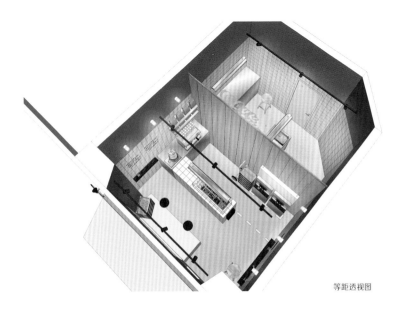

等距透视图

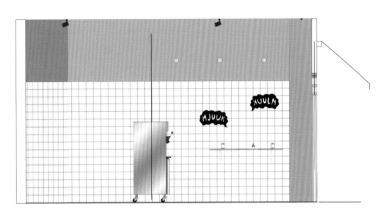

剖面图

品牌故事

MJUK MJUK 主打产品是软冰激凌，采用天然高品质原材料现场制作而成。这一对自然深深热爱的理念同样呈现在室内空间的设计中——简约、直接、朴实，为产品和制作流程打造了一个完美的舞台。

设计实施

MJUK MJUK 并不局限于传统冰激凌店的形象，更多的是一种前瞻式的实验空间——冰激凌机、厨房设备以及原材料如同演员一般，在顾客面前上演一出出戏剧。手写菜单好似脚本，独特的音乐中偶尔夹杂着意式浓缩咖啡机和冰激凌机工作的声音。顾客身处舞台之外，但却能享受到独特的美味。

spoild 冰激凌店

项目地点：

希腊雅典沃利斯大街 5 号

设计时间：

2020 年

设计机构：

studiomateriality 工作室

摄影版权：

艾琳娜·勒法

外立面图

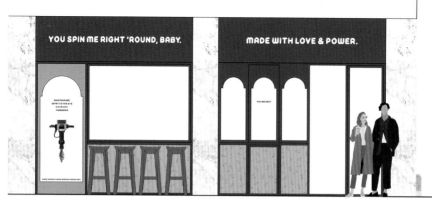

外立面图

项目背景与设计理念

spoild 冰激凌店位于雅典市中心喧嚣繁忙的大街上，其品牌和室内设计均由 studiomateriality 工作室操刀打造。小店看起来巧妙精致，又不失可爱。

蓝色拱门打破店面规整的外观，透过这里可以看到里面蓝色的墙壁和黄色的天花板以及两者形成的浓烈对比。这是一家追求时尚潮流且活力十足的店铺，让人在炎热的夏日午后重拾元气！

蓝色瓷砖柜台表面装饰着诙谐的语句"用爱与力量制作"，这恰好诠释了冰激凌店的理念，即用心满足顾客的需求。

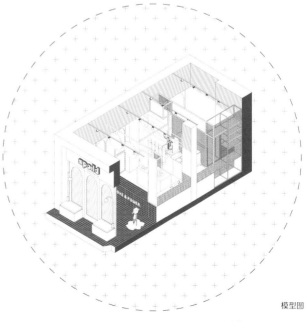

模型图

品牌故事

spoild 冰激凌自 20 世纪 90 年代开始流行，因其独特的色彩、柔和的外观和别样的图形元素而格外引人注目。顾客可以在这里尽情品味冰激凌，可以和大大的装饰钻头合影，并把这些美好的画面上传到社交网站上。

设计实施

"我们希望将冰激凌软糯的属性与开店所需付出的艰辛结合起来，正如柔软的鲜奶油在坚硬的钻头搅拌下可以形成的美丽漩涡一般美好。"首席设计师这样解释说。

"如果一家店铺只卖香蕉，那就太过时啦！如果把香蕉做成冰激凌，那就非常完美啦！业主的目标就是打造一家只用香蕉做原料的素食冰激凌店！"

$33m^2$

只用香蕉冰激凌店

项目地点：
德国慕尼黑

设计时间：
2021 年

设计机构：
马蒂诺 · 赫兹建筑事务所
（Martino Hutz Architecture）

摄影版权：
马蒂诺 · 赫兹建筑事务所
（Martino Hutz Architecture）

项目背景与设计理念

这家冰激凌店位于森德灵门（慕尼黑现存的三座城门之一）的一侧，前面是著名的中央步行街。原有店面狭小，很难吸引行人。为此，设计师将入口全部打开，使室内外空间完全融合。

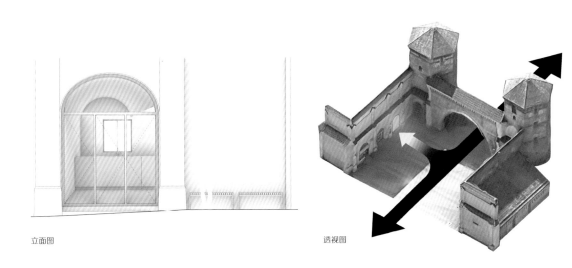

立面图

透视图

设计师遵循意大利巴洛克时期建筑巨匠弗朗切斯科·波洛米尼（Francesco Borromini）1635 年建造斯帕达宫的准则，将原有拱门作为透视灵感，制造出一种光学错觉。锥形拱顶从入口处延伸出来，一气呵成，支撑着整个空间结构，条形纹理增强了统一感。

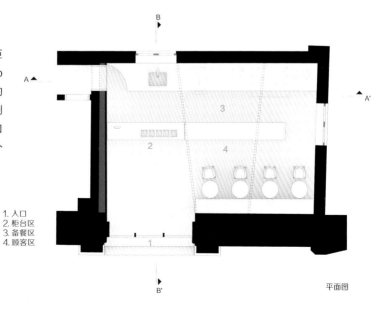

B

A

A'

3

2

4

1. 入口
2. 柜台区
3. 备餐区
4. 顾客区

B'

平面图

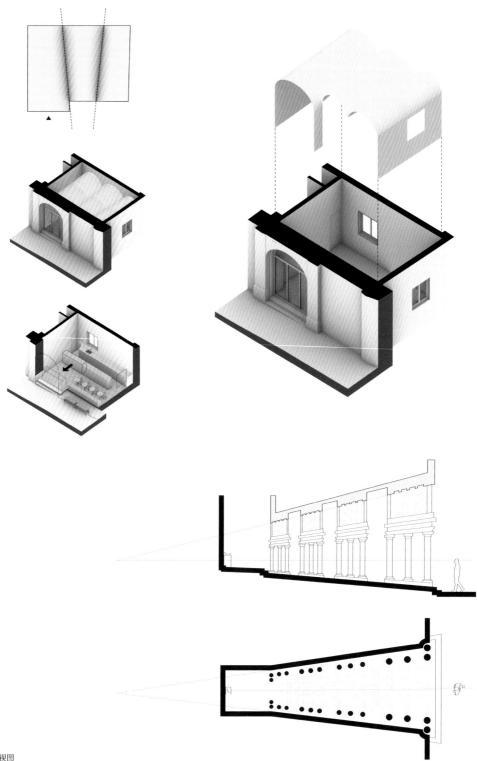

透视图

家具以简约的纵向布局为主，将空间划分为顾客区和服务区。所有家具采用橡木饰面，整洁而雅致。柜台是可移动的，根据需要，可直接移到门口处，方便来往的行人购买。

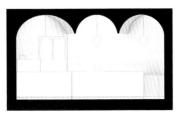

柜台剖面图

顾客区剖面图

项目小结 ▶

品牌故事

只用香蕉是一个无麸质、零糖的纯素软激凌品牌。"我们的产品以香蕉为原料，制作过程依靠直觉和味觉，不使用精确的配方。很高兴成为慕尼黑第一家零浪费的软激凌店，使用的包装都是可食用的或者可重复使用的。"

设计实施

设计师充分考虑冰激凌店所处的独特地理位置以及原有建筑的状态，并结合客户的具体要求进行改造规划。值得提到的一点是，他们深入观察了解传统建筑手法与品牌的独特理念，借鉴建筑大师的设计手法，实现了最初的目标。

NOM 冰激凌店

项目地点：
新加坡厄士金路

设计时间：
2021 年

设计机构：
wy-to 设计公司

摄影版权：
弗兰克·皮克斯

项目背景与设计理念
这家冰激凌店的设计以大胆的对比色调和古怪有趣的插画为主要元素，打造令人愉悦的室内环境。

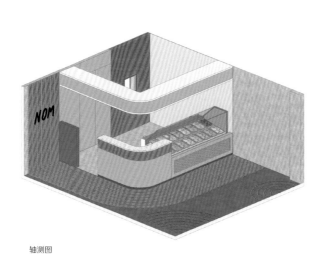

轴测图

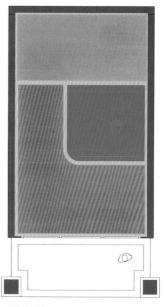

功能分区图

打开店门，便进入一个让人意想不到的空间，与外面的世界截然不同。整体环境活泼而有趣，让人仿佛回到5岁时的梦想空间。蜿蜒的曲线成为特色元素，在视觉上放大了空间面积。

就像夏天融化的冰激凌一样，柜台的曲线延伸到地板上，再从一面彩色墙延伸到相邻的混凝土墙，产生一股流动的连续性，时刻吸引着好奇的路人的目光。

白色瓷砖墙以华夫格形式呈现，突出实用性，也与亮丽的色彩和混凝土材质完美结合。

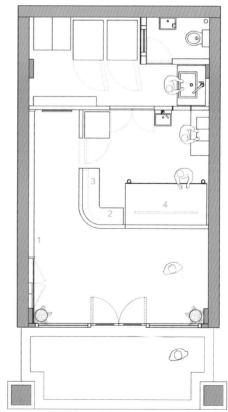

1. 墙壁陈列
2. 收银台
3. 外带柜台
4. 陈列柜

平面图

品牌故事

这一品牌诠释的理念是"一位男孩追求优质冰激凌的梦境旅程",带你走进儿童的天堂。

设计实施

从业主的一项激情运动中汲取灵感,"熔体"从彩色墙壁一直延伸到相邻的混凝土。它生动的连续性暗示着一场对口味幻想的竞赛,吸引好奇的路人。以华夫格图案完成,创造了从混凝土到颜色的完美过渡。

$45m^2$

Roji 怪物冰激凌

项目地点：

澳大利亚悉尼丽晶新天地

设计时间：

2019 年

设计机构：

Vie 工作室

摄影版权：

安德鲁·沃萨姆（Andrew Worssam）

项目背景与设计理念

Roji 怪物冰激凌来自中国台湾，其整体形象古怪但不落俗
套。设计师将店铺打造成如同怪物的房子，而每个怪物都
有自己的专属区域。

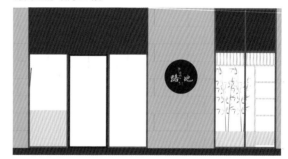

店面立面图

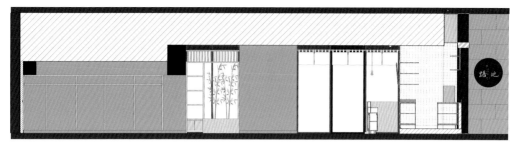

外观立面图

店内以日式风格为主，大量运用木材、竹子以及纸灯笼等作为装饰元素。整个空间被分割成不同的小区域，而每个区域以一个怪物为主题，旨在激发出顾客的好奇心，并通过播放动画形象形成互动。每一个怪物都有各自独特的风格，格外引人注目，让顾客情不自禁走进来，一探究竟。

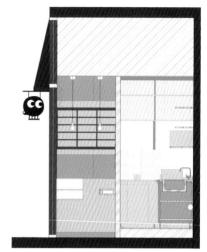

柜台立面图

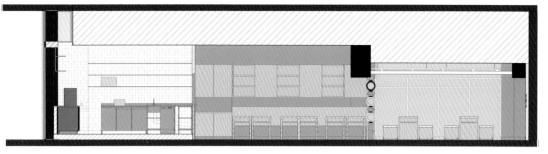

室内立面图

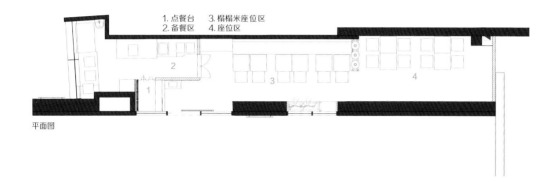

1. 点餐台　　3. 榻榻米座位区
2. 备餐区　　4. 座位区

平面图

品牌故事

该品牌来自中国台湾，在韩国、美国、澳大利亚、加拿大和马来西亚等地方设有分店，以可爱有趣的绵绵冰激凌而著称。

设计实施

设计师按照品牌要求依然采用日式简约风格，在进门处打造榻榻米半包厢。可爱的壁画以及日式风格的装饰元素随处可见，既凸显空间主题，又增添趣味性。

"设计师凭借对色彩和曲线的巧妙运用,使其迅速成为惠灵顿人的最爱。"

小鸭岛冰激凌

项目地点:

新西兰惠灵顿

设计时间:

2020 年

设计机构:

Designwell 工作室

摄影版权:

Mur Mur Lab 工作室

项目背景与设计理念

此前，小鸭岛冰激凌在汉密尔顿备受欢迎，以大胆创意和精美可口的产品而著
称。如今，其在惠灵顿开启了新旅程。设计师与业主及品牌商紧密合作，旨在
为顾客打造一个如同进入梦中的空间——经典的冰激凌色彩，弯曲的造型以及
柜台上飘散的甜味无时无刻不吸引着顾客的到来。

空间布局

场地紧凑的平面布局是设计师面临的主要挑战——他们需要在狭窄的空间内打造充足的座位，以满足顾客需求。为此，设计师将座位区排布在墙壁两侧，风格简约且易于移动，确保空间功能性。此外，如何方便顾客使用店内最后方的卫生间是一个难题。最终，设计师通过旋转柜台解决了这个问题。

1. 餐饮区
2. 冰激凌陈列柜
3. 冷冻室
4. 卫生间

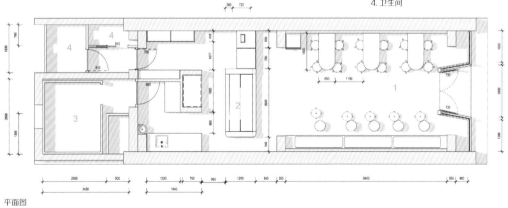

平面图

美感与外观

空间内所有设计元素都采用品牌标志色彩打造，吸引着到来的每一位顾客。大大的造型将柜台和冰激凌陈列柜嵌入其中，并将主体支撑结构遮盖起来。马赛克瓷砖凸显古巴街特有的美学，营造出魅力十足的奇妙场景。这一设计在唯美和淡雅之间取得了完美的平衡，让空间散发出自然优雅的气息。

一致与简约

经典的古巴街店面、简洁的凳子和点餐板与流行的色调、清新的装饰和雅致的灯光营造出简约的美感，呈现了地域特色。值得提到的一点是，品牌特有的脏粉色被广泛运用到空间中。

品牌故事

小鸭岛冰激凌（DUCK ISLAND ICE CREAM）是新西兰著名的冰激凌品牌，这是其在汉密尔顿之外的第一家店，店主希望其能够在社区中留下独特的印记。

设计实施

设计师通过对品牌色彩、造型的大胆运用，打造功能与颜值兼具的空间，这里既是呈现美味冰激凌的舞台，又是惠灵顿地区冰激凌爱好者享受美味的高品质场所。

"有这样一个地方，它能够让人逃离现实且暂时远离日常的纷杂烦扰。恰好，DYCE 冰激凌店就是这样的存在。"

55m²

DYCE 冰激凌店

项目地点：
英国伦敦马里波恩詹姆斯大街
设计时间：
2019 年
设计机构：
FormRoom 工作室
摄影版权：
FormRoom 工作室

项目背景与设计理念

作为一家新兴品牌店，设计师致力于打造一个充满活力与梦幻的零售空间与品牌标识。设计师遵从业主意见，开创了独特的美学概念，将年轻活力与受萨尔瓦多·达利启发的超现实主义融合在一起。空间设计完美呈现了甜品的状态，如融化的冰激凌和泡泡茶，在现实和梦想之间架起了一座桥梁。

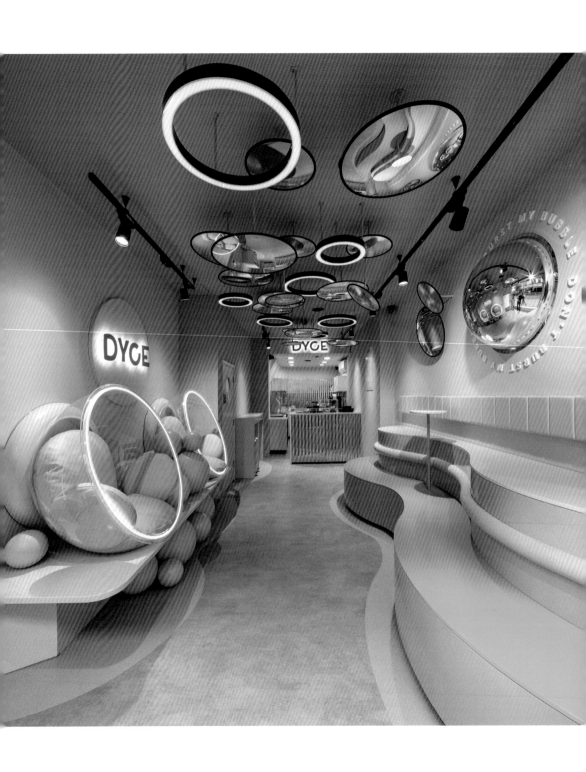

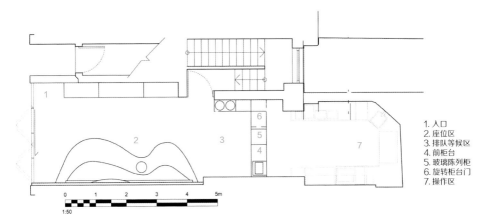

1. 入口
2. 座位区
3. 排队等候区
4. 前柜台
5. 玻璃陈列柜
6. 旋转柜台门
7. 操作区

0 1 2 3 4 5m
1:50

平面图

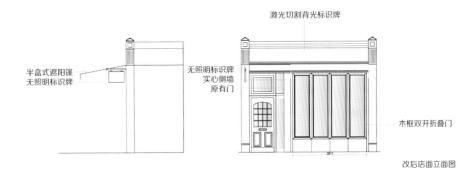

激光切割背光标识牌

半盒式遮阳篷
无照明标识牌

无照明标识牌
实心侧墙
原有门

木框双开折叠门

改后店面立面图

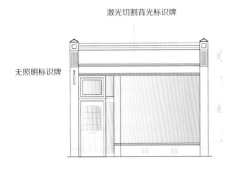

激光切割背光标识牌

无照明标识牌

初始店面立面图

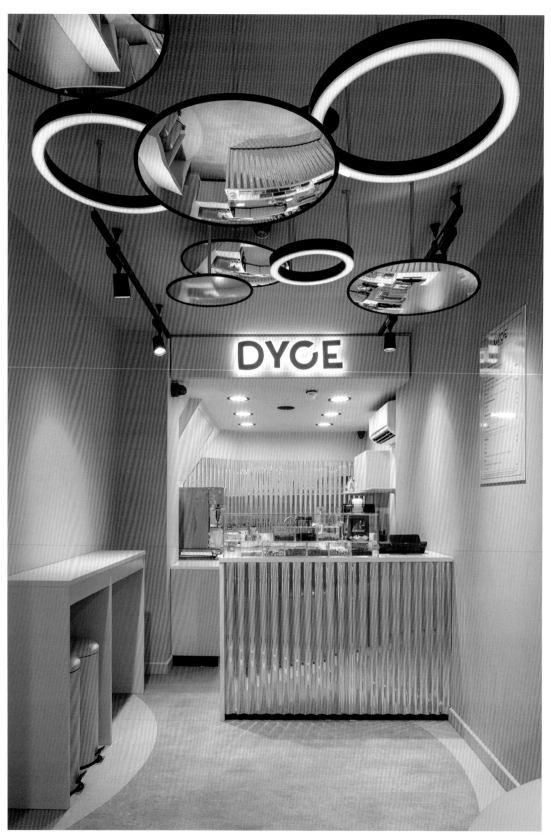

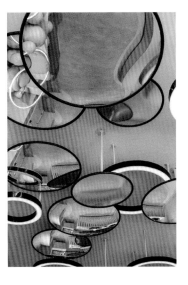

蜿蜒双层座椅的设计灵感源自融化后滴落的冰激凌，其与泡泡茧形椅相对而立，四周环绕着柔和的霓虹灯光。在墙壁上方，品牌标识牌在 LED 光线和粉色背景的衬托下更加引人注目。

展示甜品形态的视觉线索贯穿整个空间，地面上融化的冰激凌一般的装饰既起到了指引作用，又是超现实主义风格的体现。柜台采用塑料饰面波纹金属板打造，彩虹色调增添了活力与质感。

天花板上独特的装置与墙壁上的凹凸彩虹镜交相呼应，其设计灵感均来自店内的核心产品——泡泡茶。装饰边缘的黑色与柔和的粉色构成强烈对比，带来些许神秘的气息。墙壁上的凹凸彩虹镜四周环绕着品牌标语"DON'T BURST MY BUBBLE"（不要打破我的泡泡），这一独特的设计格外符合年轻群体的审美，让他们可以在这里享受愉悦时光。

品牌故事

DYCE 冰激凌是一个新兴的品牌，其店铺是一个甜美超现实的空间。这里是一家名副其实的网红店，也是人们可以享受充满乐趣和幻想的空间。

设计实施

闪亮的凸面镜子装饰着这家位于伦敦马里莱本区名为 DYCE 的冰激凌店，千禧年粉色和淡蓝色内饰别出心裁。这个空间设计得既出人意料，又令人陶醉，融合了不稳定和超现实主义的特点，弯曲的地板和两层的座椅就像融化的冰激凌，同时巧妙地向艺术家萨尔瓦多·达利的作品点头致意。

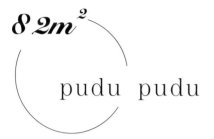

pudu pudu

项目地点：
美国洛杉矶阿伯特·金尼大街

设计时间：
2021 年

设计机构：
UXUS 公司

摄影版权：
UXUS 公司

项目背景与设计理念

首先，空间设计的宗旨是将布丁作为艺术品呈现给顾客，因此设计师专注于展示其制作过程并突出每一种视觉元素的对比与平衡。其次，设计师旨在打造社交场所，将人们聚集在一起，并将布丁作为中心要素。无论在室外还是室内，布丁都会带来一种趣味十足的美食体验，引诱顾客进来分享美味时刻。透明的玻璃立面、个性十足的餐饮座位区以及精妙的细节无一不吸引着大家的到来。

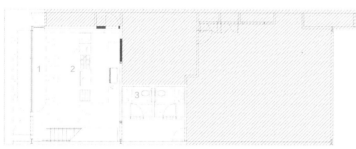

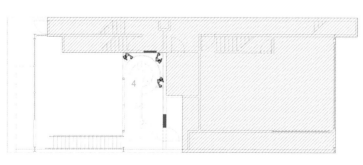

一层与夹层平面图　　　1. 餐饮座位区　　3. 卫生间
　　　　　　　　　　　2. 柜台区　　　　4. 餐饮区

pudu pudu 是一个精致而又有趣的布丁品牌。其名字郎朗上口，易于拼读，且足够俏皮。其标识设计以品牌吉祥物为基础，醒目的剪裁方式和精美的排版形成鲜明的对比。另外品牌的主要颜色——蓝色，以图形的方式运用在整个空间中，在视觉上削弱了混凝土带来的冷淡，增添了趣味性。

设计师运用现代设计语言打造品牌元素，旨在吸引年轻消费者的关注。整个空间是明亮的——雅致的水磨石柜台、工业风格混凝土地面以及图形装饰为布丁的展示构筑了完美背景。更值得注意的一点是，设计师将品牌标识采用粉色滚边，巧妙的构思不仅使背景墙格外引人注目，更凸显品牌的活力与个性。

这一充满趣味的设计方法贯穿整个空间，让顾客全面感受并分享这里的快乐。创意十足的细节如布丁图案，引领顾客走到夹层零散分布的餐饮区，静谧但并不缺失社交氛围。材料同样注重精致性，以现代简约美学为理念，营造出自然舒适的空间背景。

空间内的每一处细节都是经过精心考虑的。照明方案是与 Nulty 公司合作打造的，旨在提升独特的体验。

项目小结 ▶

品牌故事

据说，pudu pudu（普度鹿）受到欧特家博士（德国最大的食品商）的启发，他们相信通过食物将人们聚集在一起。品牌概念采用"原始布丁配方"，为 Z 世代和千禧一代消费者提供 "大胆、富有想象力和意想不到的风味冒险"之旅。

UXUS 公司定义了构成品牌理念基础的关键词：美味、热情、出乎意料、大胆和俏皮，运用天然、中性的材料为大胆而令人兴奋的布丁口味和有趣的配料创造背景。

设计实施

考虑到年轻的目标受众，空间的设计采用了有趣的视觉元素，形成了一个"沉浸式布丁制作世界"，既充满情感，又通过户外座椅、色彩缤纷的设计元素和导航鼓励社交媒体分享。商店的外观是基于成为一个"布丁可以建立联系"的社交空间的想法而设计。整个空间都使用现代设计语言，包括混凝土地板、"布丁水坑"、分层木制座椅、中性材料和图形背景，形成了以布丁为焦点的品牌景观。

3

小面积烘焙店设计要点归纳与参考

近些年来烘焙行业一直呈现增长趋势，各种各样的烘焙店如雨后春笋般成长起来。每一家店都汇集了店主的期待与设计师的智慧。如何成功打造一家烘焙店可以从以下几个方面着手。

一、备受欢迎的烘焙店风格

如今，烘焙店已不再是稀有的存在，仅以华贵或高档风格为主的店铺设计已经没那么容易吸引顾客的关注以及满足他们因社交欲望而产生的消费冲动。光顾一家烘焙店的原因也逐渐演变为，可以走进、值得光顾、还会再来。（图1、图2）

店铺具备如烘焙食物一般的亲和力

在不了解一家烘焙店产品的情况下，店铺设计风格便是呈现给顾客的第一印象，要让人感受到店内产品带来的舒适、幸福的感觉。通常情况下，亲和友善的烘焙店更能让人情不自禁地主动靠近。

店铺呈现品牌态度和个性氛围

除了让人感到舒适亲和以外，设计风格也通过空间传递着这家店铺对于烘焙的理解与态度。恰到好处的设计能带给顾客良好的体验，顾客第一次光顾体验到的店铺氛围感，就形成了其对店铺以及品牌的固定认知，而这个认知一旦形成就很难改变。

二、成功的设计思路

具备亲和力、能够呈现品牌态度以及

图1

图2

有氛围感的烘焙店可以从视觉、触觉和情感三个方面着手打造。(图3、图4、图5)

视觉

一眼看过去就能让人喜欢的事物,在一开始就取得了一半的成功。决定一家烘焙店是否能够让人一眼就能喜欢的因素包括三个方面:平衡的色彩搭配、清晰的布局和明亮的采光、得体的装饰陈设。

图3

图4

图5

色彩搭配在美学领域占据着主要的地位，这个世界上没有丑的颜色，只有丑的配色。高亲和力的氛围需要搭配的色彩不宜过多，通常情况下，遵从"一个主视觉色＋一个视觉冲击色＋极少数的视觉调和色（多出现在陈设修饰物品上）"的方式即可。

烘焙店更注重给人带来"呼吸感"，因此布局尽量避免狭窄，要遵循黄金分割原则。通透而自然的良好采光是最为合适的主光源，而人造灯光设计需格外用心，尽可能做到室内灯光和环境融为一体，避免扎眼以及出现明显而强烈的明暗对比。

烘焙店装饰陈设尽量选择简约风，去掉与店铺运营、品牌风格等一切不相关的元素物品，以突出店内产品为宜。

触觉
良好的触觉体验往往能够给顾客带来更好的印象，烘焙店设计中需要注意一切能够触碰到的物品，尽可能在预算范围内选用较好质感的。如顾客行走过程中体会到的地面质感、进店触碰到的门和门把手，使用的面包盘或者餐盘的质感、客户落座的桌椅是否牢固舒适等。

情感
烘焙店能够直接影响顾客情感感官的三个方面包括：品牌 logo、店内的员工、售卖的产品。

品牌的 logo 尤为重要。好的品牌名称和图标设计能够让顾客在看到的第一时间产生共情并直接感知到品牌以及店铺的态度。一个优秀的店员也是店铺的形象代表，时时刻刻吸引、引导、服务于顾客的店员为店铺的成功经营起到非常重要的作用。产品是店内的主打，一切设计都是为凸显产品而服务的。这里需要特殊提到一点是，中国本土品牌 logo 尽可能避免只有外文，以免造成歧义或让顾客难以理解。图标设计尽量以圆润或带有手绘感的为主要风格，以带来亲切感。

三、能够带来高回报的小细节
一家烘焙店能够经营多久由多方面原因共同决定，这是个不可预估的变量。面对这种不确定性，在保证空间正常功能之外的设计装修可遵从节约原则，如装饰陈设物品最好可以拆卸且供二次使用。其他一些细节多用心往往能够带来较高的回报。（图6、图7）

图6

logo 灯箱

招牌设计有时可能会与真实意愿存在偏差，在这种情况下便可以在店外设立一个带 logo 的定制灯箱，不仅能提升店铺氛围感，还能吸引顾客。

地面立牌

地面立牌起到提醒和引导顾客的作用，而按照立牌指示作用的设计标准定制属于店铺以及品牌的专属立牌，会提升店铺亲和力以及品牌专业度。

品牌标语

品牌标语是一家有态度的烘焙店的标配。但其在店铺里面出现的位置非常重要，安置位置不好会带来相反的效果。标语放置尽量遵从"不上墙"的原则，可以做成水印贴，贴在橱窗玻璃上，也可以印在门帘挂布上。用灵活的方式将其呈现，可以让客户感受到店铺的用心。

带 logo 的室外遮雨棚

遮雨棚晴天可以为顾客遮阳，雨天为顾客挡雨，是店铺对顾客关怀的一种体现，做成可收纳的，logo 在一角不大不小就好。

价格牌

如果售卖产品品种较多，且会不定期上新，可定做只带 logo 的底色卡片，价签产品信息用手写方式呈现。手写的价格牌可以提升亲和力。

周边产品

在装饰陈设上可以放置带品牌 logo 的周边产品，例如帆布包、围裙、徽章、水杯或者 IP 玩偶，一方面可以提升品牌氛围感，另一方面可以带来更多的效益，同时能够提升品牌知名度。

图 7

"想象一下，在 MINTCHI 牛角面包店里是什么感觉呢？或许将牛角面包的轻盈感作为空间的设计灵感会带来意想不到的效果的！"

$15m^2$

MINTCHI 牛角面包店

项目地点：
巴西圣保罗大街 114 号

设计时间：
2019 年

设计机构：
Dezembro 建筑师事务所

摄影版权：
卡罗丽娜·拉卡兹

项目背景与设计理念

面包店选址在一栋单层建筑的老旧车库内。原有空间长 3 米宽 5 米，朝向街道开放。经过改造之后，柜台用于陈列商品一条长凳从入口处向里延伸，以热情的姿态邀请着每一位顾的到来，让他们走进来欣赏大厨的精湛技艺以及感受设计师造的美学体验。

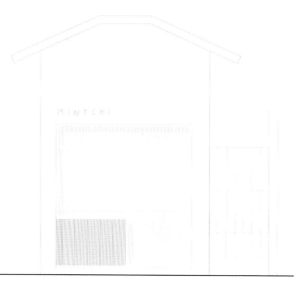

外观立面图

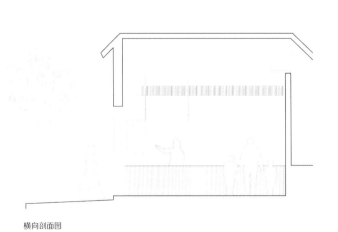

横向剖面图

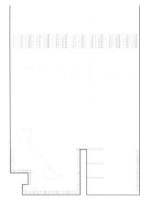

纵向剖面图

1. 柜台区
2. 厨房区
3. 座位区

项目最初的设计挑战是如何解决厨房（空间后侧）与长吧台（放置所有咖啡设备）之间的动线问题。最终，设计师采用地面高度差的方式加以解决——厨房地面高于吧台空间地面90厘米。这一理念也为整个空间构成奠定了基础，如同牛角面包一样，将不同的元素和材质分层组合，而带有孔洞的砖就构成了第一层。

平面图

更让人感到惊奇的是，整个空间的建造过程与制作面包相似——施工工人使用裱花喷嘴在砖孔中填满混凝土。

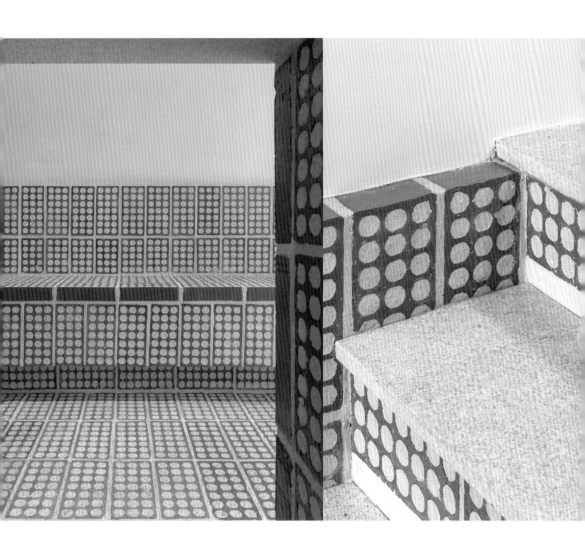

为营造轻盈感，天花采用纸筒装饰，并通过间接照明照亮——光线从纸筒间隙"流过"，就像水在水管中流淌一般。一根长长的黄铜水管从天花上悬垂下来，一直延伸到水槽上方，别具特色。

最后但也需要提到的一点是，设计师在多处运用了黄铜元素，这一巧妙的设计灵感源自牛角面包的金黄色调。砖石和纸板则带给人以温馨的暖意，如同面包从烤箱出来那一刻散发的热气。

项目小结 ▶

品牌故事

这是一家位于圣保罗的面包店，以细节设计而著称。设计师参与产品设计，为店内的主打产品——牛角面包的制作提供了很多参考意见。

设计实施

"产品的轻盈成为该项目的起点，"设计总监这样解释，"就像在牛角面包中一样，该项目就是在这些层次中组织的。"面包店的建造过程与糕点制作过程非常相似。

"展现产品特质的元素被运用到室内外空间的设计中，从而促成了一家精致的面包店的诞生！独特的标志性外观赋予其高度的可识别性，让人从远处也能一眼识出！"

$2.9m^2$

匹诺曹面包店

项目地点：
日本神奈川县横滨大口车站前

设计时间：
2019 年

设计机构：
I IN 设计公司

摄影版权：
见学友宙

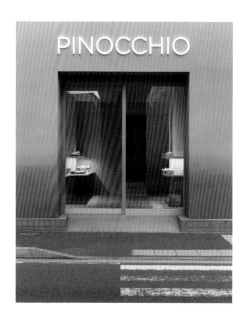

项目背景与设计理念

匹诺曹面包店坐落在横滨火车站前，彰显面包独特的品质色彩和柔和的渐变纹理被应用在面包店的室内外空间，为其营造了高雅的形象。

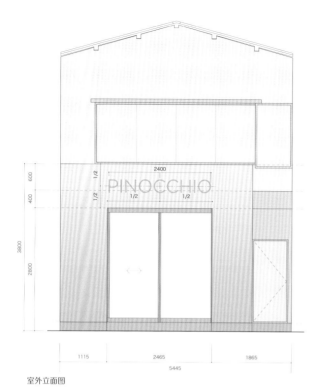

室外立面图

尽管空间大小有限，店主依然要求室内外拥有强烈的可识别性。为此，设计团队试图打造一个既能表现面包本身，又具有外延含义的空间。而色彩鲜艳的外立面获得了强烈的存在感，即便在广场上风格多样的广告牌下也格外引人注目。

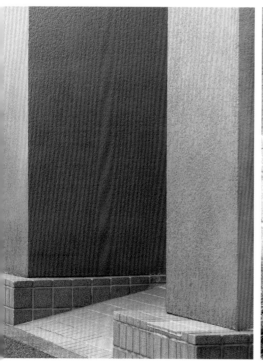

室内空间采用极简的设计手法，通过标志性的木材营造出一种亲切的环境氛围。材料和光线相配合，打造出一种柔和的视觉效果，不仅突出了面包店的存在感，更更新了人们对面包店的传统认知。

细腻的纹理和渐变的色彩大胆诠释出烤好的面包的柔软质地和诱人颜色。此外，设计师摒弃抽象手法，旨在打造一个能够完美凸显和展示面包的氛围。室内外墙面选用相同的材料打造，营造简约统一感。室内空间摒弃了过于繁复的元素，木质搁板用作面包陈列架，散发出温馨舒适的气息。地面和天花在材质和色彩上与墙壁保持一致，再配以柔和的光线，让面包成为空间的主角。

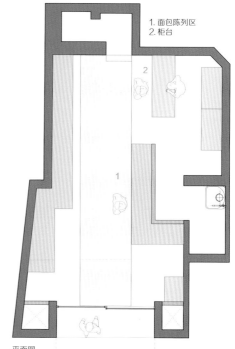

1. 面包陈列区
2. 柜台

平面图

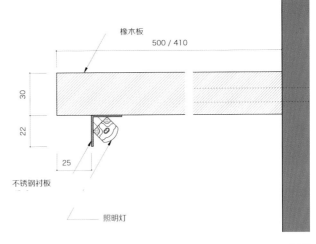

橡木板

500 / 410

30

22

25

不锈钢衬板

照明灯

节点图

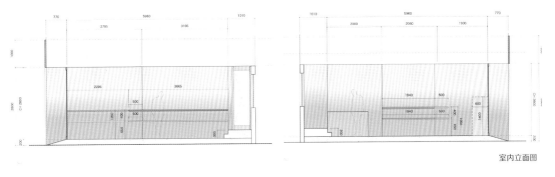

室内立面图

品牌故事

匹诺曹（PINOCCHIO）目前在日本拥有两家店面，书中介绍的是第二家，选址在车站前，在人潮熙攘的背景下，以其独特的形象成了格外吸引眼球的存在。

设计实施

生动的层次感和柔和的质感表现了面包的质地和颜色，在室内外蔓延。一扇巨大的玻璃推拉门突出了立面，让行人可以瞥见温暖的室内。室内空间的所有元素都被最小化，通过使用木制架子环绕着空间，为顾客提供了一种亲密感。该项目通过对材料和光线的使用，其外观可以从远处立即识别出来，并在空间中留下柔和的印象，使面包脱颖而出，创造出新的面包店形象。

"这是一家奢华的烘焙店，柜台内陈列的商品如同珍宝一般！"

$44m^2$

lisette 烘焙店

项目地点：

土耳其安哥拉 Kuzu Effect 商场内

设计时间：

2019 年

设计机构：

Nēowe 设计公司

摄影版权：

易卜拉欣·厄兹布纳尔

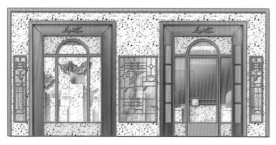

外观立面图

项目背景与设计理念

设计师面临的主要挑战即为空间的限制性——44 平方米的空间要容纳陈列区、备餐区以及开放式陈列橱窗。室内空间布局以品牌的标志产品——半圆形巧克力为灵感，将高超的手工技艺与精致的材料结合起来，旨在为顾客打造难忘的体验。

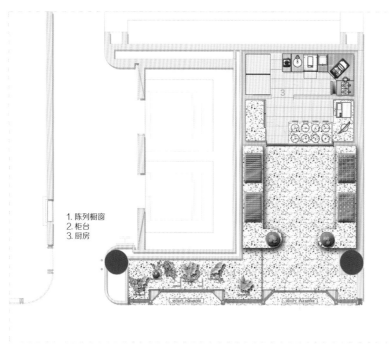

平面图

1. 陈列橱窗
2. 柜台
3. 厨房

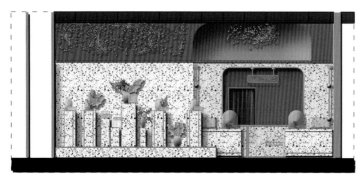

室内立面图

黄铜门框和彩色玻璃构成了特色十足的店面,营造出独特的氛围感。发光缟玛瑙大理石组成的"GUILTY PLEASURES"标签在入口处若隐可现,与品牌标识一起欢迎着顾客的到来。

空间配色灵感源自品牌的独特形象,淋漓尽致地呈现在材质和细节中。定制的水磨石表面、天花的反光装置、立面上的黄铜和彩色玻璃无一不彰显着品牌的精致、优雅和与众不同。

手工制作的水磨石瓷砖由种类繁多的大理石块拼接而成,这一独特的设计源自店内标志产品——半圆形巧克力的独特构成。陈列台、地面和墙壁在接缝处统一使用黄铜条过渡,突出空间的整体感和连续性。半圆形陈列台的设计遵循整体理念,但却创造了边界感。

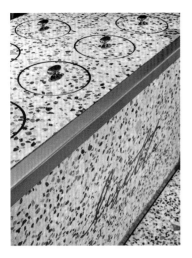

在装饰艺术元素和设计方法主导的空间内，几何造型、材质和色彩成了必不可少的部分，在突出品牌特色的同时，也带来了难忘的顾客体验。黄铜和水磨石营造出温馨、高雅的空间氛围，让人如同置身于精美的巧克力包装盒中。

赤土色墙面为聚光灯照亮的由黄铜薄片拼合而成的装置营造了完美的背景，黄铜陈列盘更彰显了设计理念的精髓。设计师定制的陈列台带有"lisette"字样，强调了品牌秉承的美学理念。

项目小结 ▶

品牌故事

这是一个豪华的定制空间，展示精心装饰的巧克力、蛋糕和冰激凌，就像在珠宝店发现的珍宝。从 lisette 的品牌标识中得到灵感的调色板可以在空间内部的材料和细节中看到。

设计实施

装饰艺术元素和设计方法占主导地位，黄铜和水磨石材料交织在一起，创造了一个温暖、详细、多层次和增值的空间设计，从而提供了完整性。这个项目的主要挑战是空间的限制。各种各样的产品展示单元、准备区和面向立面的开放式陈列橱窗都安排在一个 44 平方米的空间里。为此，项目中使用的每种材料和设备都是专门打造的（工业制冷设备的图纸也由设计师把控），以解决有限空间带来的限制，如地面、墙面等统一使用的水磨石。

"不甜的出现打破了商业社区千篇一律的形式，以一种平凡且寂静的姿态隐匿于周遭，毫不矫揉造作地融入我们日常的生活。"

47m²

不甜

项目地点：
中国成都
设计时间：
2020 年
设计机构：
治木设计
摄影版权：
偏方摄影

项目背景与设计理念
小懒桔旗下品牌不甜（NOT SWEET）是一个充满戏剧性的名字。面对甜与不甜本身的矛盾性，业主对设计师以什么样的方式介入，以及对空间的思考提出新的要求。

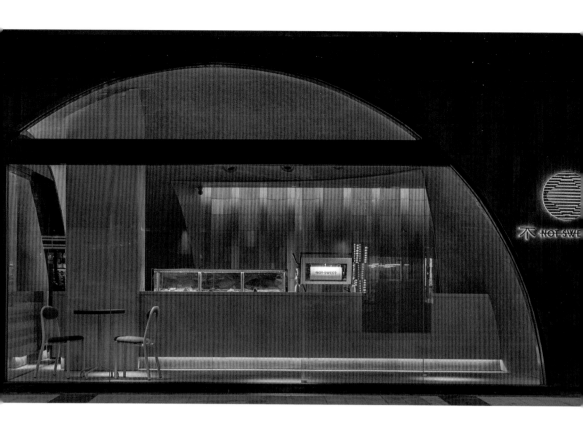

在不足 50 平方米的空间内，不仅要具备甜品店的所有功能，还需要化解一根单边长 1 米的承重柱对空间的干扰。对外，不仅要体现品牌意志，还要尽量避免与周边环境产生冲突。

设计从品牌本身出发，以"橘子"的几何形态具象地在空间中形成符号化的表达。空间以一个小尺度的简单开放的盒子为基础，"橘子"作为另一个几何体嵌入盒子内，挖空两个几何体之间的重叠部分，使之成为新的使用空间。

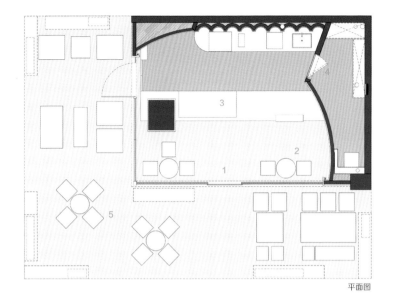

1. 入口
2. 座位区
3. 柜台
4. 储物区
5. 室外座位区

平面图

N

0 1   3   5

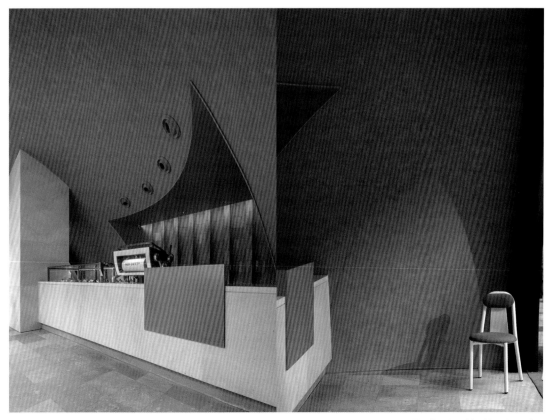

甜品展示、咖啡机和服务台组合成一个整体，底部内退形成悬空的横向体块，再和竖向承重柱形成交叉，共同组成空间中一个新的结构体，造型如丝带般轻盈地悬浮在空中。不仅解决了功能需求，在视觉上增加了立体感，也化解了承重柱对空间的干扰。

为了完成空间的塑造，设计师运用灯光、材料和色彩来暗示暧昧与冲突。

球形空间中的暖色光线通过橙色肌理墙面所产生的漫射，让结构体块和材质随着人的视角变化，时而模糊，时而清晰，空间氛围温柔暧昧，与黑色火山石外墙表皮形成冲突。

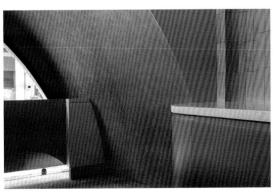

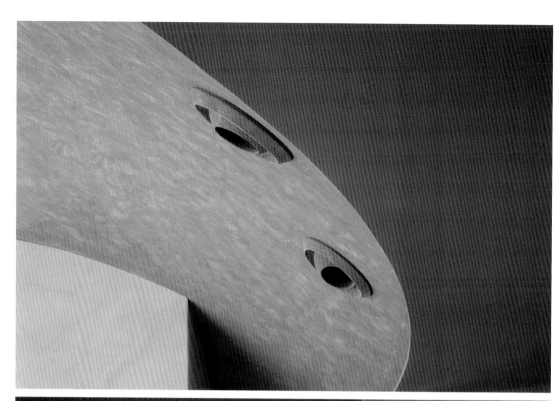

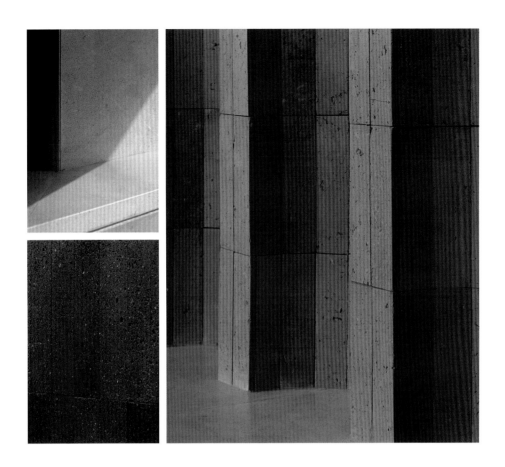

品牌故事

商业社区已经成为都市生活的一部分，但千篇一律的城市面貌让人视觉疲劳，以至于自然而然地忽视了身边的事物。而不甜（NOT SWEET）就是为了增添生活光泽，以一种不喧嚣的姿态安静地隐匿于周遭，毫不矫揉造作又能让你在纷繁的周遭里眼前一亮，看见这一抹甜而不腻的橙色。

设计实施

以不甜为甜品店命名，是多么戏剧性的一件事情。这种冲突感恰恰在店铺中得以体现，名字与产品本身的冲突，以"橘子"为符号打造"甜而不甜"的空间体验。

"Choureál 坐落在雅典最繁华的街区上，是希腊第一家售卖手工泡芙的甜点店。"

$48m^2$

Choureál 甜点烘焙店

项目地点：

希腊雅典宪法广场

设计时间：

2019 年

设计机构：

PATSIOS 建筑工程公司

摄影版权：

vd.gr 摄影工作室

项目背景与设计理念

这一项目的主要设计理念是"让顾客欣赏到泡芙制作的整个过程",这也决定了店内的空间分配与布置。设计师借鉴了塞萨洛尼基店的多样性特点,并充分利用额外的空间。

冷藏柜台被置于正中央，带有烘焙室和工作台的厨房使用玻璃隔板围合，这样一来，顾客就可以一边等候，一边观看甜品师工作。独立的入口和出口设置则更方便顾客取餐。

设计师充分利用空间的高度，专门打造了独特的三维天花结构——一个由多个木板条拼合而成的圆顶装置，悬垂在冷藏柜台上方。巧妙的设计为空间平添了更多的景象，也让顾客在等待之余找到更多的乐趣。

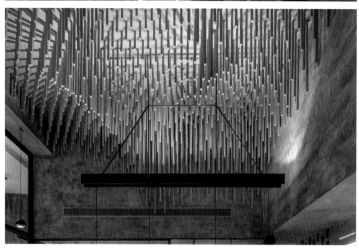

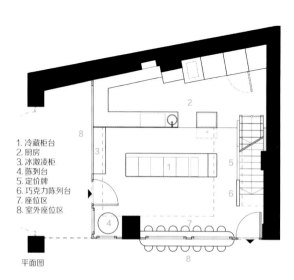

1. 冷藏柜台
2. 厨房
3. 冰激凌柜
4. 陈列台
5. 定价牌
6. 巧克力陈列台
7. 座位区
8. 室外座位区

平面图

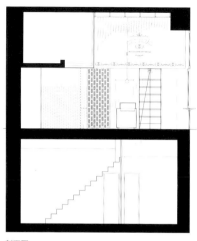

剖面图

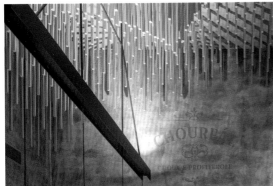

品牌故事

Choureál 甜点烘焙店自在塞萨洛尼基开业以来，取得了巨大的成功。2019 年，其店主决定在雅典创建第二家店，其经营理念依然受到希腊乃至世界其他地区的推崇。

设计实施

墙壁上装饰着店家的标志性颜色和图形，这也是设计师为其专门打造的品牌形象。此外，灯光方面模仿了珠宝店的设计，主光源位于冷藏柜台的上方，照亮了整个空间。

"店名（WHITELIER）由'WHITE'（白色）和'ATELIER'（工坊）两个单词组成，这里以制作顶级白面包和果酱而著称，因此通过室内外空间设计展现其精湛的烘焙工艺是项目的主要任务。"

54m²

白色工坊

项目地点：
韩国京畿道河南州市米沙区 64 号

设计时间：
2019 年

设计机构：
Eccentric 设计工作室

设计团队：
关穗棋、孙运萱、解传宝、于思琪

摄影版权：
Eccentric 设计工作室

项目背景与设计理念

白色工坊在米沙区开设了第五家旗舰店。设计师的主要工作是以"白色工坊"为理念，对空间及品牌形象进行全方位且深入的诠释。

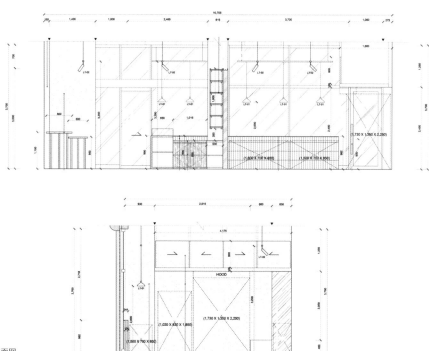

室内立面图

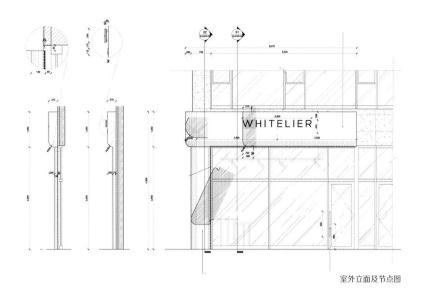

室外立面及节点图

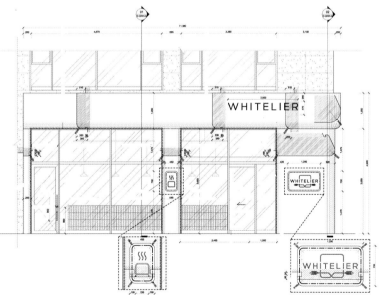

室外立面图

店内面积仅有 54 平方米，充分利用有限的空间至关重要，如何创造足够的且有效的场所用于制作和展示商品。建筑外观完全采用白色进行装饰，如同白色工坊一般，足够吸引路人的眼球。而立面上的曲线造型灵感则源自面包本身。店内的米色柜台无论从色彩还是造型上来说，都是外观的延伸，完美地将室内外融为一体。

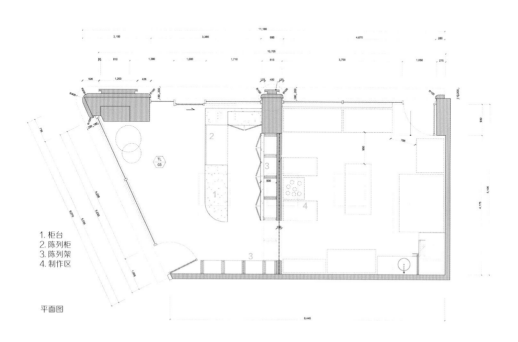

1. 柜台
2. 陈列柜
3. 陈列架
4. 制作区

平面图

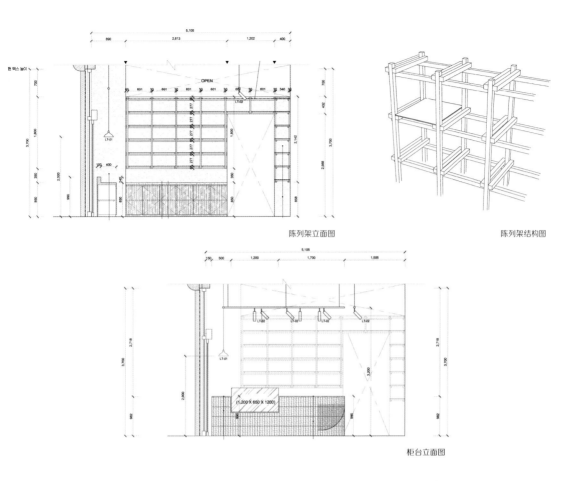

陈列架立面图   陈列架结构图

柜台立面图

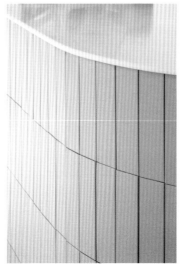

店内 3 米长的墙壁将厨房和前厅隔
开。裸露的天花远远高于墙壁，因此
空间不会给人带来压迫感。米色的瓷
砖柜台用于展示店内的商品，欢迎每
一位顾客的到来。木质货架沿着分隔
墙设置，是整个前厅的焦点，完美呈
现出白面包的美感和美味。

项目小结 ▶

品牌故事

白色工坊是韩国的高端烘焙品牌，在不同地区设有分店，优质白面包是其主打产品，并努力将其推向全世界！

设计实施

设计团队想将这家面包店以"白色工坊"的理念表达，并在此基础上进一步发展。

"L'Amore Sette 是意大利语'爱情'的意思。在店主看来，爱情如甜品般奇妙，难以被定义。我们期待的空间状态亦是如此。"

95m²
L'Amore Sette 烘焙店

项目地点：

中国成都

设计时间：

2021 年

设计机构：

治木设计

摄影版权：

偏方摄影

项目背景与设计理念

新城的崛起让曾经歌舞升平老旧的街区逐渐被人们遗弃，但老旧街区承载了城市的历史与发展，保留着岁月留给城市的痕迹和记忆。面对城市更新这一主题，设计者思考着让老旧建筑在改造中焕发重生的魅力。从日本蓝带国际学院毕业的 Chris 带着对甜品爱意，选择在成都这个包容的城市创办 L'Amore Sette 烘焙店作为甜品梦的开始。

在成都千年历史长河中，华西坝绝对是一个优美的符号。店铺位于华西坝大学路上的一栋老旧居民楼的底层商业建筑内。店主希望改造后的店铺是一个内敛低调却保有温度的小建筑，以谦卑的姿态融入场地的记忆，和周围环境和谐共处。

1. 甜点柜
2. 常温食品展示
3. 座位区
4. 平台冷柜

平面图

L'Amore Sette 由两个独立店铺组成，由于老建筑的限制，与临铺的同一面墙体不可有任何破坏。设计师将其向外延伸做了一面透明的而不是实心的墙来区分内与外。于是就有了经过精确计算的混凝土悬浮外墙。室内的朦胧美感透过由耐候钢和玻璃组成的方格窗愈加明显，引得行人纷纷注目。横向居中的墙体结构和克制的弧形顶面让整个混凝土建筑在厚重中显得轻盈。

透明墙与内退空间形成的走廊把两个独立空间紧密联系在一起。设计师专门留出一个区域作为模糊室内外的界限，同时也是对外卖功能区域的一个补充。

向外延展的弧形顶面别具特色。行人匆匆脚步形成的奇妙动态感让内部空间更有趣味。咖啡吧台透过镜面反射拉长了空间，也丰富了店员在工作时的画面感。

项目小结 ▶

品牌故事

降低用量、减少摄入、寻找糖度更低的替代品，成为当下甜品业者迎合市场需求的变通之道。而店面也不再是一派高昂饱满；谦卑、内敛、低调的温存，引导着食客仔细琢磨每一口甜。

设计实施

受老居民楼的层高限制，在越是低矮的空间中，越是想营造一种幽暗与模糊。正如谷崎润一郎在《阴翳礼赞》中表达的存在于明暗中的含蓄美感。从堂食区域往外，视线不受打扰，反而更通透，街角景致亦可尽收眼底。内敛克制的内部空间，抛弃多余和无趣的装饰，通过材质和灯光的变化赋予空间新的美感。墙体作为几何体块构成洗手间区域，弧形洗手台亦与室外顶面造型相联系。

100m²

ConnieHé 蛋糕店

项目地点：

中国上海愚园路宏业花园 1088 弄
48 号 105

设计时间：

2020 年

设计机构：

上海法居工程咨询有限公司

摄影版权：

云眠

项目背景与设计理念

该项目的设计旨在为顾客们带来一个有态度的空间，在当代时尚餐饮的语义环境下重现一种朴实淡雅的艺术餐饮氛围。设计师从材质的角度出发，捕捉烘焙与艺术的巧妙组合，将 ConnieHé 对于美食独有的态度注入空间的每一寸肌理中。

建筑的外立面采用石材拉丝工艺，质朴的纹理与天然色泽凸显了匠人的态度。橱窗的设计不仅作为品牌传递信息的渠道，同时也是设计层面上的一种延伸手法，墙体的延展性与石材的质感相互映衬，形成一种由内而外的视觉效果。

榆木作为整个空间的主要材质，将西方的甜品艺术质感注入亚洲的自然材质中，大面积采用具有手工质感的天然大理石，目的是用大自然的纯粹与朴实装扮每一处的天然肌理。

柜台区域多采用不锈钢与镜面材质，使内部空间在视觉上进行延伸。设计师从和纸艺术中汲取灵感，在顶部盒子结构的天花板中将其以 3D 效果呈现在人们面前，恰到好处的灯光与周围的材质形成视觉呼应，让人们在整齐的秩序中找到舒适的感觉，如同新出炉的甜品那一道道均匀优美的切面带给人的愉悦之感。

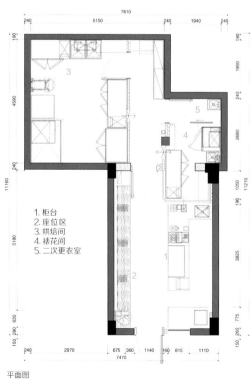

1. 柜台
2. 座位区
3. 烘焙间
4. 裱花间
5. 二次更衣室

平面图

灵活可变的家具设计使有限的空间功能最大化，来自法居专利开发独有的可移动抽拉式桌板与镶嵌式可收纳椅子，为顾客们提供了就餐的多种可能性。

木制桌板的边缘镶嵌在墙壁预留出的直线轨道中，桌板可沿着轨道自由滑动，同时可以通过抽拉的方式延长桌板，根据顾客们的不同需求变化位置与大小，内嵌收纳式的椅子提升客座位区的功能性与美观性，合理地利用了有限的空间。

通透的裱花间将此刻烹饪的美味一览无余地呈现在顾客眼前，同时也将 ConnieHé 对于美食的高品质要求可视化，使顾客与品牌之间产生一种奇妙的互动，视觉感受牵动着其他的感官系统，在顾客踏进店铺的那一刻起便体验到美味与质感所带来的美好感受。

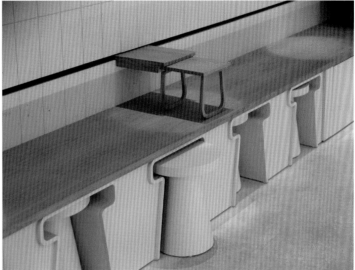

品牌故事

"当我们第一次接触 ConnieHé 时就被他们一丝不苟的态度所触动，保证食物原料的新鲜度是 ConnieHé 创立以来一直坚持的原则与标准。在产品的制作过程中，他们将艺术融入每一份甜品中，从形式到产品所表达的语义都在向顾客们传达着一种趋向于生活的艺术，给顾客们带来一种全新的艺术体验方式。"

设计实施

设计师认真处理空间内外的每一处细节，使每一处的定格画面都流露出些许的艺术气息，当顾客看到这些细节时也能由心而生出一种共鸣与感动。

"这是一家在成都能带给人们很美式生活感受的烘焙店，一间开放式的街边店。它既能在白天全时段服务于周围邻居，也能在如今市区最热闹的打卡地——望平街区，受到年轻人的喜欢。

107m²

251 Clinton St.
烘焙望平街店

项目地点：

中国成都

设计时间：

2020 年

设计机构：

炘儒空间设计

摄影版权：

意维建筑空间、炘儒空间设计

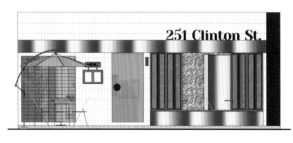

室外立面图

项目背景与设计理念

项目位于居民楼的一层，室内共分为 4 块竖向无窗空间，由通道连接。为保护建筑的承重结构，其墙体均不可拆除或开门洞，甚至剔槽埋线也是不被允许的。虽然这是一个相对封闭性的，改造条件苛刻的建筑空间，但让"它"是自由、随性、有活力的仍是设计师和业主努力想要传达的理念。

将空间的功能划分进行了多次逻辑梳理，保证现有厨房设备完美地融进新规划的后厨区域（也是原建筑里光线最暗的区域），其余拥有斜照进来的自然光的空间均作为就餐区及面包售卖区，空间动线呈环线分布，在自由流畅的同时，也保持了彼此的有效"私密距离"，力求让空间服务于人，人沉浸于空间中感受到舒适与趣味性。

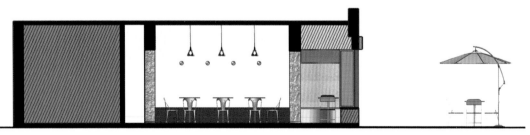

室外座位区

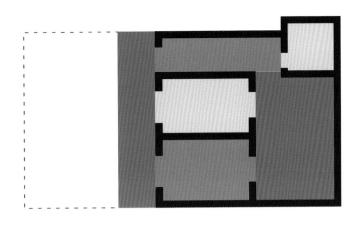

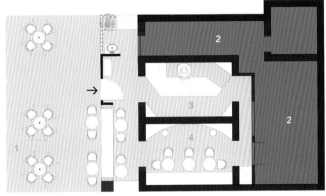

1. 室外座位区
2. 厨房
3. 柜台
4. 座位区

平面图

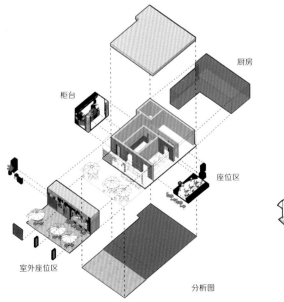

厨房

柜台

座位区

室外座位区

分析图

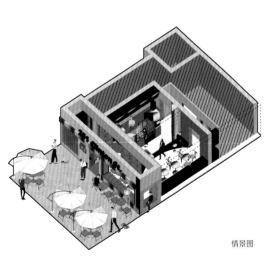

情景图

主要采用银色金属漆、灰色艺术漆、长条面釉砖及原木老地板。材质的选用既考虑到与门头材质的呼应，在视觉上给予足够的层次感及对比度。空间中家具以本色拉丝不锈钢及透明亚克力类为主，与墙面共同呈现出不同肌理质感的银灰色调。在暖光的衬托下，丰富了室内层次感，在增加空间氛围的同时，也利用灯光明暗关系的处理，在有限空间内依然保持有效且适当的社交空间，传递给人们更好的包容度。

项目中用三面银色墙面表达肌理，从设计之初就决定了一定有它的不可复制性与艺术表现性，同时也增加了施工的难度。它需要融于空间，又异于常规银色肌理的表现，见银不闪，艺术纹理十足。

综合空间封闭无窗的特性，为了让室内白天自然采光达到一个最佳状态，洗手区墙面采用的云雾玻璃砖，最大限度将自然光引进室内空间，同时也保留洗手区的私密性、通透性。

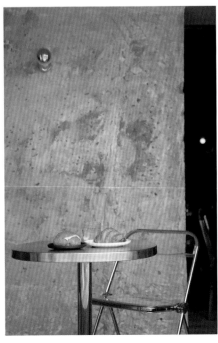

品牌故事

这是一间坐落于成都老街区的美式品牌烘焙店，于府南河、望平街区之间与居民楼共处。在这里增加了品牌与年轻人及周围居民更为亲近，与社区、街区交互的机会，一切以人为原点，开启的新篇章。

设计实施

与主理人前期沟通时了解到他们对品牌的定义以及选址都有了比上一家店更实际、真切的想法。项目坐落在 20 世纪 90 年代的街边居民楼，融于建筑，也为在望平街区城市更新项目中的居民楼带来新的生命。

主要设计机构（设计师）列表

Biasol 设计事务所
https://biasol.com.au

彼得·林德伯格工作室
（Studio Peter Lundbergh）
www.studiopeterlundbergh.com

Designwell 工作室
（Designwell）
www. Designwellstudio.com

Dezembro 建筑师事务所
www.dezembro.arq.br

Eccentric 设计工作室
www.studio-eccentric.com

FormRoom 工作室
https://www.formroom.com/services/

Fretard 设计公司
https://fretarddesign.com.au/

I IN 设计公司
https://i-in.jp

马蒂诺·赫兹建筑事务所
（Martino Hutz Architecture）
http://www.martinohutz.de

Nēowe 设计公司
https://www.neowe.com.tr/

PATSIOS 建筑工程公司
www.patsiosac.gr

Pigalopus 设计公司
www. pigalopus.com

上海法居工程咨询有限公司
https://frenchhouse.cn/

studiomateriality 工作室
www.studiomateriality.com

UXUS 公司
https://uxus.com/

Vie 工作室
https://viestudio.com.au/

无锡欧阳跳建筑设计有限公司
http://www.oyttdesign.com

wy-to 设计公司
http://www.wy-to.com/

炘儒空间设计
（SHINDESIGN）
www.shindesign.art

治木设计
（Geemo Design）
geemodesign@foxmail.com

图书在版编目（CIP）数据

小空间设计系列．III．甜品店 / 陈兰编．— 沈阳：
辽宁科学技术出版社，2023.6
ISBN 978-7-5591-2803-4

Ⅰ．①小… Ⅱ．①陈… Ⅲ．①甜食－商店－室内装饰
设计 Ⅳ．① TU247

中国版本图书馆 CIP 数据核字（2022）第 213676 号

出版发行：辽宁科学技术出版社
　　　　　（地址：沈阳市和平区十一纬路 25 号　邮编：110003）
印　刷　者：辽宁新华印务有限公司
经　销　者：各地新华书店
幅面尺寸：170mm×240mm
印　　张：12.5
插　　页：4
字　　数：320 千字
出版时间：2023 年 6 月第 1 版
印刷时间：2023 年 6 月第 1 次印刷
责任编辑：鄢　格
封面设计：何　萍
版式设计：何　萍
责任校对：韩欣桐

书　　号：ISBN 978-7-5591-2803-4
定　　价：98.00 元
编辑电话：024-23280367
邮购热线：024-23284502